Version 3.2, 2011.07.12

ISBN 978-1-312-59150-9

Originally published 2006.10.05.as "Mafutrct's Warcraft 3 Melee Mapping Guide"

©2006-2011 Sebastian Heuchler (mapping@mafutrct.de, http://mafutrct.de/mapping).

レイちゃんに捧ぐ

Inhalt

Vorwort zur dritten Ausgabe

Warum noch ein Update?

Kürzlich fiel mir das Buch zufällig wieder in die Hände, seit der letzten Änderung waren schon einige Jahre vergangen. Spätestens mit dem Erscheinen von Starcraft 2 sinkt die Relevanz stetig (Grubby: „Warcraft is dead").

Und dennoch empfand ich den Inhalt nicht wirklich als veraltet. Die Prinzipien gelten weiter. Kenntnis der hier vorgestellten Konzepte wird auch in Zukunft hilfreich sein. Darum nun die komplett überarbeitete Ausgabe in Buchform.

Inzwischen bin ich etwas liberaler – meine damals verfassten Ratschläge und Kritiken betrachte ich vom heutigen Standpunkt aus als zu streng. Revidieren musste ich aber nichts. Dieses Werk ist weiterhin nicht mehr und nicht weniger als eine Hilfslinie, die hoffentlich ein paar Maps ein klein wenig angenehmer werden lässt.

mafu, September 2011

Vorwort

Übers Mapping, die Voraussetzungen zum Lesen und diesen Guide

Vorausgesetzt

Eins muss ich vorweg anbringen: Mapping lernt man nicht in ein paar Minuten. Es gilt hingegen, sich über Tage, Wochen und Monate mit dem Thema zu befassen, sich einzuarbeiten und viel zu lernen. Entsprechend werde ich auch nicht wie sonst üblich mit einfachen Beispielen beginnen und dabei viele Details auslassen, sondern alles (oder sagen wir, so viel wie möglich) präzise vorstellen, so dass dem Leser ein ernstzunehmender Fortschritt ermöglicht wird. Mit weit über 100 Seiten wurde das recht umfangreich. Wer „nur" eine kleine, halbwegs brauchbare Map abliefern will, ist mit anderen Anleitungen vermutlich besser beraten.

Ich setze voraus, dass der Leser sich ausreichend mit dem Editor auskennt. Ich werde nicht erläutern, wo man die Speichern-Funktion findet oder wie man die Klippenstufe erhöht. Für die Grundlagen gibt es bereits besagte andere Guides in ausreichender Zahl.[1]

Da ich mit dem englischen Worldedit arbeite, werde ich mich auch weitgehend an die englischen Bezeichnungen halten. Eine Übersetzung der wichtigsten Begriffe findet sich gegen Ende des Guides.

---

[1] z.B. http://warcraft3.ingame.de/maps/tutorials/Melee-Tut/melee.php

Umfangreich

„Melee" wird hier ernst genommen, das heißt, nach dieser Anleitung erstellte Maps werden vom WE tatsächlich als „Melee" angezeigt. Leider ist der WE ziemlich streng und es fallen dadurch einige äußerst interessante Features weg, z.B. das Verändern von Doodads. Ingame-Filme oder Landscaping erfordern besonders naturgetreu wirkende Maps, die jedoch leider meist Modifikation von Doodas benötigen und damit auch außerhalb unserer Reichweite liegen. In der Linkliste befindet sich jedoch ein sehr gutes Tutorial für Nature-Mapping, dieses empfehle ich dem geneigten Leser.

Ein Satz bezüglich der Allgemeingültigkeit. Manche der Punkte, die ich hier ansprechen werde, gelten für diverse (RTS) Spiele, während selbstverständlich auch viele spezifisch für Warcraft 3 TFT sind. Ich vermute, dass der Inhalt größtenteils auch für Fremdmapper verständlich ist und sich auch für diese zu lesen lohnt – natürlich desto mehr, je näher sich TFT und ihr konkretes Spiel ähneln.

Gezündet

Das ist übrigens das erste umfangreichere Werk zu Warcraft, das ich je schrob. Daher freue ich mich ganz besonders auf Feedback. Wenn euch also Fehler auffallen, ihr euch an einigen Stellen mehr Informationen oder gar ein ganzes zusätzliches Kapitel wünscht, oder wenn ihr mir einfach nur eure Meinung mitteilen möchtet, meldet euch gern.

Doch genug der Vorreden, wir legen jetzt los. Es bleibt mir hier nur noch, euch viel Spaß beim Lesen zu wünschen, und dass vielleicht das eine oder andere hängen bleibt.

mafu, Juni 2006

Überblick

Dieses „ausführliche Inhaltsverzeichnis" bietet einen Schnelldurchlauf durch das Buch und erklärt dabei schon ein paar Kleinigkeiten.

Nahkampf - Grundlagen des Melee-Mappings

Sinnigerweise beginnen wir mit den Basics. Melee wird von Blizzard als „Nahkampf" übersetzt. Darunter fallen Maps, die den normalen Gameplayregeln genügen, also keine wesentlichen Änderungen an der Spielmechanik vornehmen. Laddergames im Battle.net finden ausschließlich auf Melee Maps statt. Wesentliche Aspekte von Melee Maps sind Balance, also Chancengleichheit für alle Spieler, und Gameplay, das Erlebnis des Spielers beim Spielen der Map.

Maps wie z.B. Dota, Footmen Frenzy oder die diversen Mauls sind dagegen Funmaps - wer sich für solche Maps interessiert, ist hier falsch.

Bleistift und Papier: Entwickeln einer Idee

Nachdem bekannt ist, welche Punkte bei einer Melee Map wichtig sind, geht es daran, überhaupt eine Idee für eine Map zu entwickeln, die den Kriterien entspricht und auch nicht die x-te Kopie einer bekannten Map ist.

Besonders wichtig ist dabei das Erstellen von Skizzen auf Papier, was viele Vorteile gegenüber dem sofortigen Beginn des Mappens im Editor bieten.

Vorbereitungen: Übertragen und Markieren

Weiter geht es mit dem Vorbereiten der Map, wodurch wir in der Folge schneller und effektiver werden. Dazu werden diverse Hilfslinien eingezeichnet, die den nun folgenden Übertrag der Skizze in den WE deutlich vereinfachen können. Anschließend werden grob alle Spots, Wege und Hindernisse eingezeichnet.

Daneben gehe ich auch auf diverse andere Punkte ein, wie die Wahl eines zu obiger Idee passenden Tilesets.

Umsetzung: Wälder, Creeps und Effekte

Nun kann mit der Ausgestaltung der Idee begonnen werden. Nach der Umformung des Terrains, dem Pflanzen von Bäumen und den ersten, grundlegenden Tiles geht es weiter mit Spots, Höhenvariationen und Wettereffekten. Abgerundet wird der Spaß durch ein erstes Testgame mit einer spielbaren Map. Am Ende dieses Abschnitts sollte die Map „funktionieren", d.h., sie sollte bereits spielbar sein.

Vollendung: Doodads und Tiles

Vermutlich sieht die Map jedoch noch nicht besonders toll aus, daher werden nun noch optische Gimmicks eingebaut, die der Map mehr Leben einhauchen. Dazu finden bessere Texturen und mehr Doodads Verwendung. Durch Beachten schon einiger weniger Ideen erzielt man einen guten Eindruck beim Spieler.

Optimierungen: Bis zur Perfektion

Abschließend werden diverse Aspekte nach und nach verfeinert, bis schließlich die Idee der Map vollständig umgesetzt wurde. Wesentlich ist dabei auch das eigene Gespür, das es zu entwickeln gilt.

Praxis

Nach all der Theorie zeigen einige kleine Beispiele die praktische Umsetzung. Dabei habe ich absichtlich nicht maximal optimiert, sondern nur die wichtigsten Schritte ausgeführt, so dass die Vorgänge kurz und knackig bleiben und auch für Anfänger verständlich sind.

Trickreich: Der Editor

Theoretisch war's das auch schon, doch praktisch gibt es noch einige Punkte, die das Mapping teils deutlich erleichtern. In diesem Kapitel werden diverse Tricks rund um den WE erklärt, von Hotkeys über die richtigen Optionen bis hin zu speziellen Programmen, um Grenzen des Editors zu sprengen.

Abgekürzt

Um eventuelle Unklarheiten auszuräumen, möchte ich zunächst einige wichtige Begriffe einführen.

Cell

Eine Cell als grundlegende Maßeinheit beim Mappen bezeichnet die Fläche, die von einem gelben Kästchen eingenommen wird, wenn man im Editor den Hotkey G drückt. Cells bestehen immer aus exakt 4x4 Tiles. Die Größe einer Map wird in Cells angegeben, übliche Größen reichen von 96x96 bis zu 224x224 Cells.

Creep

Als Creep bezeichnet man eine bereits beim Start des Spieles vorhandene Einheit, die gegenüber allen Spielern feindlich gesinnt ist und jeden attackiert, der sich ihr zu weit nähert. Creeps greifen sich niemals gegenseitig an und bewegen sich nie von selbst durch die Karte. Der Ort, an dem sie auftauchen, wird Creepspot genannt. Von ihm entfernen sie sich beim Verfolgen einer Einheit bis zu einem gewissen Radius, kehren jedoch nach dem Tod oder der Flucht der Einheit sofort wieder dorthin zurück. Schlafende Creeps wecken im Falle eines Angriffes nahe Freunde auf und greifen wann immer möglich gemeinsam an. Als „creepen" bezeichnet man das Töten von Creeps, um XP, Gold und Items zu bekommen.

Creepjack, CJ

Damit verwandt steht Creepjack für den Angriff eines Spielers auf die Armee eines feindlichen Spielers, während der Angegriffene gerade mit Creeps kämpft. Der Verteidiger muss sich nun gegen die Creeps und den Angreifer gleichzeitig wehren, was zu erhöhten Verlusten in seiner Armee führt.

Creepjacks gelten als eines der grundlegenden strategischen Elemente des Spiels. Um ihnen vorzubeugen, gibt es generell einige Möglichkeiten:

1. den Feind vor dem Creepen in anderen Kämpfen so stark schwächen, dass man einen CJ ohne Verluste überstehen kann. Ein solcher Status ist relativ schwer zu erreichen und fällt somit quasi flach.

2. Eine Scouteinheit in einiger Entfernung hinter dem Spot platzieren, so dass man rechtzeitig flüchten kann, falls der Gegner ankommt. Nachteil: etwas weniger Kampfkraft gegen die Creeps und der Gegner wird durch den Scout möglicherweise sogar noch angelockt.

3. Die Creeps einige Cells weit vom Spot weglocken. Wenn man das geschickt macht, kann man sehr leicht fliehen, weil die Creeps sich nicht sehr weit von ihrem Spot entfernen bzw. den Spieler nicht mehr lange auf seiner Flucht verfolgen. Zudem wird der Gegner, wenn er zum Angriff auf die eigene Armee an den Creeps vorbeilaufen muss, von diesen u.U. attackiert und wird dadurch quasi selbst zum Gecreepjackten.

Für letztere beiden Methoden ist es wichtig, dass der Creepspot mehrere Zuwege hat. Ist das nicht der Fall, sitzt der Creepende beim CJ in der Falle und muss sich TPn, um herbe Verluste zu vermeiden. Als Mapper sollte man das berücksichtigen.

Critter

Kleine neutrale Einheiten, die nicht angreifen könne. Darunter fallen z.B. Schafe und Hasen. In Melee Maps dienen sie nicht nur zur Zierde, sondern den UDs auch als schnell beschaffbare Leiche für Skellis[1].

Doodad

Doodads werden grob in drei Klassen unterteilt: Destructables, Blocker sowie Nonblocker. Mit Ausnahme ersterer sind Doodads unveränderlich unverwundbar und können im Spiel auch nicht dynamisch erstellt werden.

1. Destructables sind zerstörbare Doodads und als einzige teils selektierbar[2]. Sie blockieren das Pathing an ihrer Position. Die sicherlich bekanntesten Vertreter dieser Kategorie sind Trees, daneben gibt es noch diverse Häuser, Hindernisse und anderes Getier. Destructables sind von großer Bedeutung für die Spielbarkeit und Balance einer Karte.

---

[1] Falls das noch nicht deutlich genug war: Sorgt verdammt nochmal dafür, dass die UDs an Ihre Leichen kommen... zumindest zwei oder drei Critter nahe jeder PSL sind für die Balance notwendig!
[2] Selektierbar = angeklickt werden können so dass ihr Portrait erscheint

2. Blocker sind Doodads, die einerseits der Verschönerung der Map dienen, aber gleichzeitig auch das Pathing blockieren, d.h. sie sind nicht passierbar. Sie finden sich in zahlreichen Formen, beispielsweise Rocks, Archery Target, Trash, Elven Building, Ship. Als Sonderform schließen sie auch das Pathing Blocker Doodad mit ein – ein Blocker ohne sichtbares Model. Strategisch interessant werden sie hauptsächlich durch ihre Unpassierbarkeit.

3. Nonblocker dienen lediglich der Verschönerung einer Map. Sie behindern das Pathing an ihrer Position nicht und sind entsprechend strategisch bedeutunglos. Beispiele: Shrub, Bubbles, Fire, Birds, Torch.

Drop

Ein Creep kann bei seinem Tod ein Item hinterlassen. Den Vorgang des Hinterlassens bezeichnet man als „droppen", die Hinterlassenschaften nennen sich „Drop".

In der Droptable steht ob und welches Item ein Creep beim Tod verliert. Sie kann beliebig viele Items mit jeweils gewisser Wahrscheinlichkeit enthalten. Eine gut balancierte Droptable ist von großer Bedeutung für eine Melee Map.

Early, Earlygame

Anfangsphase des Spiels. Bezeichnet die ersten Minuten des Spieles. Als Ende des Earlygames kann man z.B. den vollendeten T2-Tech sehen. In diesem Guide wird in Anlehnung daran auch der Begriff Early Mapping verwendet, eine Beschreibung dazu findet sich im entsprechenden Kapitel.

Exe

Kurz für Expansion. Bezeichnet die Base, die ein Spieler bei einer Goldmine errichtet. Wird oft auch für die Goldmine selbst verwendet, während dort noch keine Base steht. Die Mainbase ist keine Exe (ist ja logisch, da sie ja keine „Expansion" ist). Wird im Plural Exen, nicht Exes, genannt.

Die „Natural" ist die Exe, die ein Spieler normalerweise als erstes erobert. Meistens also die der jeweiligen Main am nähsten gelegene.

Imba, Imbaness

Als imba bezeichnet man Spielelemente, die einen unfairen Vorteil für einen Spieler darstellen und ihn verlieren lassen, auch wenn er optimal kontert. Kleine Imbas kommen immer vor, es sei denn, man würde völlig symmetrische Maps, nur eine einzige Rasse und auch sonst alles gleich lassen, was aber ziemlich langweilig wäre[1]. Für euch als Mapper gilt es lediglich, möglichst viele durch eure Map verursachte Imbas zu verhindern. Genau das könnt ihr umfassend im Kapitel über Balancing nachlesen.

---

[1] Ja, ja, und der andere Spieler hat weniger Lag und ein besseres Keyboard und so weiter... meh.

Leider wird der Begriff „imba" viel zu häufig verwendet (so ähnlich wie auch „leet" vor ein paar Jahren). Imba ist etwas anderes als „stark" oder „sehr stark". Imba bedeutet unfair stark. Solange man kein Meister des Spiels ist, hat man aufgrund mangelnder Kompetenz natürlich kein Recht, eine Sache als imba zu bezeichnen. Also ignoriert die kleinen Kinder, die wirklich alles und jeden als imba beschimpfen, nur weil sie nicht spielen können (bis hin zu „Mirror ist imba!!"). Immer wieder erstaunlich, dass jeder die schwächste Rasse spielt.

Item

Gegenstand, ein Objekt das in Shops kaufbar ist oder von Creeps fallengelassen wird. Man kann damit die Stärke von Helden verbessern oder es bei Missfallen verkaufen. Die Potenz eines Items wird durch dessen Level angegeben. Normale Einheiten können die Fähigkeit erwerben, Items zu tragen, ihre Benutzung ist ihnen jedoch stets verwehrt. Man unterscheidet zwischen 4 Arten von Items:

1. Permanent: Verbessern dauerhaft die Stärke von Helden durch Attributsboni oder Auren. Es gibt auch einige aktive Items, die ähnlich wie Charged Items Zauber wirken können; sie werden dabei jedoch nicht aufgebraucht.

2. Charged: Können ein- oder mehrfach angewendet werden, um einen bestimmten Zauber zu wirken. Nach Aufbrauch verschwinden sie aus dem Inventar.

3. Powerup: Werden sofort bei Benutzung aktiviert und verbessern dann dauerhaft die Stärke des Helden. Auch Runen fallen in diese Kategorie: Sie wirken meist Flächenzauber oder haben andere sehr nützliche Funktionen.

4. Artifact: Besonders starke Items mit einem Level ab 7 fallen hierunter. Artifacts haben kein einheitliches Verhalten, sondern entsprechen einer der oben genannten 3 Varianten.

Die anderen Arten von Items (Purchasable, Campaign sowie Miscellaneous) dürfen auf Melee Maps nicht in den Droptables verwendet werden und werden daher hier nicht weiter erläutert.

Late, Lategame

Das Lategame ist die letzte Phase des Spiels und beginnt mit dem Ende des Midgames. Im Endgame sind die Armeen nach vielen Schlachten oft dezimiert, als neue Truppen werden häufig nur noch T3-Units gebaut. Die initialen Minen gehen zur Neige. In diesem Guide wird in Anlehnung daran auch der Begriff Late Mapping verwendet, eine Beschreibung dazu findet sich im entsprechenden Kapitel.

Main, Mainbase, Mainbuilding

Steht für die Hauptbasis (Mainbase) eines Spielers. Wird manchmal auch nur für das Haupthaus (Mainbuilding) genutzt, die richtige Interpretation ergibt sich meist aus dem Zusammenhang. Nennt man es „die Main", also mit weiblichem Artikel, so spricht man meist von der Base, während „das Main" eher für das Gebäude allein steht. Eine Verlagerung der Mainbase kann stattfinden, wenn die alte Mainbase eines Spielers zerstört wird, dieser jedoch eine neue Base errichtet hat, z.B. an einer Exe. Das Mainbuilding wird exakt an der Stelle platziert, an der im Editor die PSL zu sehen ist.

Mid, Midgame

Die Spielphase Midgame beginnt mit dem Ende des Earlygames. Das Midgame kennzeichnet den Zeitabschnitt, in dem die Spieler versuchen, ihre Strategie umzusetzen, um entweder direkt zu gewinnen oder bis zum Lategame einen spielentscheidenden Vorteil zu erreichen. In diesem Guide wird in Anlehnung daran auch der Begriff Mid Mapping verwendet, eine Beschreibung dazu findet sich im entsprechenden Kapitel.

Pathing

Zu Deutsch „Verlauf" genannt, bezeichnet Pathing die Begehbarkeit eines Tiles. Blockierte Tiles sind von Einheiten nicht begehbar und auch der Bau von Gebäuden an ihrer Stelle bleibt den Spielern verwehrt. Beim Pathing wird zwischen Air und Ground unterschieden: Air kommt (bis auf die Ausnahme der Air Pathing Blocker) immer durch, während Bodeneinheiten und Gebäude aufgehalten werden.

PSL

Player Start Location, der Spawnpunkt für einen Spieler. An diesem Ort werden das Mainbuilding eines Spielers sowie seine Starteinheiten (z.B. 5 Peons beim Orc) erstellt. In der Nähe einer PSL befinden sich eine Goldmine und eine Menge Holz, das vom Spieler sofort nach Spielbeginn abgebaut werden kann.

Spot

Als Spot bezeichnet man jede Stelle der Map, die für das Spiel entscheidende Elemente enthält, also Creeps sowie funktionale neutrale Gebäude.

Tech, Tier, T

„Tier" bezeichnet die Ausbaustufe des Mainbuildings eines Spielers. Tier 1, kurz T1, steht für „nicht ausgebaut". T2 ist die erste Ausbaustufe, T3 die zweite und damit letzte. Man bezeichnet die Möglichkeiten, die eine Ausbaustufe bietet, oft als Tx-y: z.B. T1-Units sind Units die man ohne Tech bauen kann. T3-Gebäude sind Gebäude, die man erst mit T3 bauen kann.

Im gleichen Zusammenhang wird mit Tech das Verbessern („techen") der Ausbaustufe (Tier) des Main Buildings um eine Stufe bezeichnet.

Manchmal werden „Tech" und „Tier" auch ohne Unterscheidung verwendet.

Tile

Der Begriff „Tile" ist vieldeutig. Er bezeichnet einerseits eine Textur des aktuellen Tilesets, z.B. Grass oder Dirt. Andererseits steht er auch für den Platz, den diese Textur belegt, also ein 16tel einer Cell. Welche Bedeutung gemeint ist, ergibt sich meist aus dem Zusammenhang, ist jedoch zugegebenermaßen für den Neuling gelegentlich schwer zu erschließen.

Tileset

Als Tileset bezeichnet man eine Sammlung von Tiles (Tiles hier im Sinne von Texturen). Es gibt vorgefertigte Sets, z.B. Lordaeron Summer. Man kann sich jedoch auch eigene Sets erstellen, indem man Texturen eines anderen Sets von einem vorgefertigten Set entfernt oder zu diesem hinzufügt, das Ergebnis nennt sich dann Custom Tileset.

Grundlagen des Melee Mappings

Eine Melee Map hat zunächst zwei elementare Anforderungen: Balance und Spielbarkeit.

Balance ergibt sich daraus, dass jeder Spieler mit jeder Race an jeder PSL die gleichen Chancen auf den Sieg hat. Im AT[1] gilt das entsprechend für die Teams. Balance ergibt sich aus den Positionen der Spots, der dortigen Creeps und Items, der Hindernisse und den Wäldern auf der Map. Und noch einigen anderen Dingen. Eine gute Balance ist bei Karten für Profispieler das wohl wichtigste Kriterium, sollte aber auch bei um des Spaßes willen erstellten Maps nicht unbedingt grottig schlecht sein.

Spielbarkeit beschreibt das Gefühl des Spielers beim Spielen und hängt hauptsächlich vom Interessantheitsgrad der Map ab, von ihrer Originalität und Schönheit, kurz: vom jeder Map eigenen Spaßfaktor. Letzterer ist natürlich subjektiv. Einige werden an einer Map Gefallen finden, andere halten sie dagegen für schwach – man kann eben nie jeden zufrieden stellen.

---

[1] Arranged Team, also nicht alleine gegen einen Gegner, sondern mit einem oder mehreren Verbündeten gemeinsam gegen eine entsprechende Zahl an Gegnern. AT Maps unterscheiden sich von Solo Maps durch ihre Größe und die erhöhte Anzahl von PSLs. Wenn hier von AT Maps gesprochen wird, so sind FFA Maps darin eingeschlossen, da sie sich nicht wesentlich von AT Maps unterscheiden.

Dennoch lassen sich beide Punkte so weit optimieren, dass jeder Spieler die Map zumindest akzeptiert. Während das Gameplay in den späteren Kapiteln genauer beschrieben wird, wenden wir uns nun zunächst dem Balancing zu, da es beim Erstellen einer Map anfangs eine höhere Priorität hat.

Fair Play

Erst durch sehr gute Balance wird eine gute Map auch zu einer guten Turniermap. Dabei müssen eine Menge Aspekte Beachtung finden und während dem Mapping immer im Hinterkopf behalten werden. Alle folgenden Punkte behalten also während des gesamten Guides ihre Gültigkeit und sollten nach Möglichkeit stets bedacht und angewendet werden.

Ein Wort vorweg noch: Ich selbst bin Ne/Ud/Orc Gamer und kenne mich mit allen Rassen halbwegs aus. Wer eine gute Map erstellen will, sollte ein Gefühl für die besonderen Bedürfnisse jeder Fraktion entwickeln und soweit nötig auf der Karte umsetzen.

Mapdesign

Über einige generelle Punkte

Spots gleichmäßig verteilt

Jeder Spot sollte für jeden Spieler einmal existieren. D.h., jeder Spieler hat gleich viele Möglichkeiten, eine Exe zu errichten, gleich viele Shops zum Creepen und Einkaufen und die gleichen grünen Spots wie jeder andere. Und so weiter. Ausnahmen sind dabei vor allem. große Spots, die von allen Spielern gleichweit entfernt liegen: Diese dürfen auch gerne nur ein einziges Mal vorkommen.

In absolut jedem Fall ist es zu vermeiden, dass Spieler unterschiedlich starke Spots bekommen, also z.B. einer einen grünen Spot mit 3 Trollen, der andere dagegen mit 2 Trollen. Gründe sind unter anderem der Zeitbedarf zum Creepen und die dabei gewonnenen XP.

Gleiche Laufwege

Die Laufwege sowie die Luftlinie zu allen Spots sollten möglichst gleich sein. Kleine Abweichungen darf man zugunsten der Schönheit der Map ruhig in Kauf nehmen, doch vor allem bei den wichtigen Spots (den ersten grünen, den großen roten sowie den Exen) ist eine exakt gleiche Distanz Pflicht.

Um gleichzeitig die Laufwege und die Luftwege zu den Spots für alle Spieler gleich zu halten, müssen alle Spieler bei ihrem Weg zu den Spots auf gleichartige Hindernisse stoßen. Es darf also z.B. nicht vorkommen, dass ein Spieler auf seinem Weg zu einem Spot auf einen Wald stößt, der ihn um einige Sekunden verlangsamt, und ein anderer Spieler dagegen einfach ungebremst ankommen kann.

Es ist keineswegs nötig, dass die Hindernisse exakt gleich sind. Es dürfen also z.B. Rocks statt Trees eingesetzt werden, und auch das eingenomme Gebiet darf ein wenig variieren (sagen wir, um ± 50%).

Wichtig ist, dass diese Regel nicht nur für die Hindernisse an sich, sondern auch für den Freiraum dazwischen gilt: Jeder Spieler muss (ungefähr) gleichbreite Engpässe haben bzw. gleichviele gleichgroße Freiflächen. Apropos Freiflächen, lasst vor allem bei Maps für viele Spieler auch ein paar Freiräume für Massfights, am besten an wichtigen und/oder zentralen Stellen.

Wesentliche neutrale Gebäude existieren

Über Sinn oder Unsinn eines Marketplace kann man sich streiten, doch gibt es auch Gebäude, die in keiner Map fehlen dürfen. Zum einen wäre da die Taverne, die vor allem von Elfen gerne besucht wird, doch auch alle anderen Rassen nutzen sie gelegentlich, um weniger übliche Strategien zu spielen oder um verreckte Helden schnell zu reviven.

Zum anderen gibt es den Goblin Merchant, besser bekannt als „Shop" – BoS, TP, Dust und Healscroll sind nur einige der Items, die viele Strategien erst ermöglichen und daher nicht fehlen sollten. Auf die Bedeutung der einzelnen neutralen Gebäude gehe ich später noch etwas genauer ein.

Hindernisse lokal gleich aufgebaut

Auch müssen an Creepspots die umgebenden Hindernisse eine ähnliche Form haben. Es darf also nicht vorkommen, dass der eine Spieler einen Shop komplett ohne Bäume und Felsen daneben bekommt und ein anderer Spieler seinen Shop nur durch einen relativ engen Weg erreicht. Die Gefahr dabei ist ein Creepjack: Ein Spieler kann relativ leicht fliehen, der andere ist eingekesselt und muss ein TP verschwenden.

Selbstverständlich muss um neutrale Gebäude immer ausreichend Platz sein, eine Cell Zugangsbreite ist absolutes Minimum. Auch darf an wichtigen Stellen kein Baum oder Doodad im Weg sein, noch darf Rocky Ground das Errichten von Gebäuden an dafür vorgesehenen Stellen verhindern.

Kein zu großer Vorteil durch Hindernisse für Air

Es sollte möglichst wenige Situationen geben, in denen man eine Position mit Airunits wesentlich schneller erreicht als mit Groundunits. Selbstverständlich sollte Air immer einen kleinen Bewegungsvorteil gegenüber Ground haben. Doch wenn er zu ausgeprägt ist, werden die Spieler quasi gezwungen sein, Air zu pumpen. Die Taktik der Spieler muss somit auf das Kontern von Air ausgerichtet sein, was viele Strategien einengt oder ganz verunmöglicht.[1]

Ein Negativbeispiel ist die alte Map Plunder Isle: Die Wege werden durch Air teilweise extrem verkürzt. Da zudem ein wichtiger Spot keine Antiair hatte, wurde von den Rassen mit guter Air (Orc, Ud, Hu) natürlich auch fast immer Air gespielt. Die Spiele wurden durch diese „Vielfalt" an Strategien schnell langweilig.

Korrekter Einsatz von Klippen und Rampen

Generell kann man sagen: Wenn Klippen nicht unbedingt nötig sind, dann bitte auch keinesfalls krampfhaft versuchen, sie einzubauen. Es gibt Situationen, in denen Klippen sich gut machen... doch diese Situationen sind selten. Sehr selten.

Unter allen Umständen muss vermieden werden, dass Klippen den Zugang zu wichtigen Bereichen der Map nur an einer schmalen Stelle zulassen. Wird z.B. eine Base mit Klippen umrundet, so sollte der Aufgang entweder sehr breit sein (>= 3 Cells) oder es müssen 2 oder mehr Aufwege existieren, und auch diese sollten dann nicht zu schmal sein. Eine Breite von einer Cell ist (wie üblich) absolutes Minimum.

---

[1] Nachtelfen werden sich hier angesprochen fühlen.

Selbstverständlich müssen Grafikfehler beim Einbau von Rampen vollständig vermieden werden. Dazu dürfen Rampen nur an ausreichend langen, geraden Klippen angebracht werden. Wer Probleme damit hat, sollte sich im Web nach einem Anfänger-Guide umsehen, in denen das Prinzip zum korrekten Platzieren oft gut beschrieben wird.

Keine Waldblockaden

Nein, es ist keine gute Idee, einige Wege durch ein paar Bäume abzusichern. Niemand darf gezwungen werden, Katas zu spielen. Im Gegensatz zu Starcraft werden dadurch unverhältnismäßig hohe Kosten, besonders für Elfen, die normal nie Glaives spielen, verursacht. Und NEIN, es absolut keine gute Idee, die Spieler komplett durch Wälder zu trennen. Solche Maps gibt es schon, und sie sind verhasst.

Neutrale Gebäude

Über die neutrale Partei

Neutrale Gebäude wirken sich äußerst deutlich auf den Spielverlauf aus. Manche Maps, z.B. TR und TM, leben oft von ihren neutralen Gebäuden. Es kommt eigentlich nur darauf an, deren richtige Anzahl an die richtigen Stellen zu setzen. Dabei ist zu bedenken, dass einige nahe den Mains liegen sollten, andere wiederum eher abgelegen. Die richtige Bewachung für einzelne Gebäude ist wichtig – auch hier muss man den goldenen Mittelweg finden.

All diese Punkte sind sehr stark von der konkreten Map abhängig. Dennoch möchte ich ein paar allgemeine Worte zu den einzelnen Gebäuden sagen. Teilweise gehe ich dabei ins Detail – diesen Abschnitt zu lesen lohnt sich also auch für den erfahrenen Mapper.

Goblin Merchant

Eines der wichtigsten Gebäude überhaupt. Es sollte in jeder Map wenigstens einmal vorkommen, besser jedoch noch öfter (ca. 0.5 - 1 Shops pro Spieler). Die Creeps sollten insgesamt ca. Level 12 bis 18 haben. Es sollte möglich sein, nachts einzukaufen, auch wenn noch Creeps vor dem Shop stehen[1]. Nähe zu den Bases ist erwünscht.

Fountain of Health/Mana

Insbesondere der Brunnen der Gesundheit ist Gegenstand diverser Diskussionen um Balance. Um ihn möglichst balanced einzubauen, sollte er sehr stark bewacht sein (minimal Level 22, eher deutlich mehr); die Creeps sollten dabei möglichst keine mittlere Rüstung haben und wenn möglich Nahkampf- und Magieschaden austeilen. Optimalerweise gibt es auch einige Trapper am Brunnen[2]. Es sollte nachts möglich sein, sich ohne Probleme zu heilen. Tagsüber darf es mit trickreichem Positionieren der Einheiten ebenso möglich sein.

Der Mana-Brunnen sollte mäßig stark bewacht werden (Level 16 - 23?) und im Gegensatz zum FOH auch nachtaktive Creeps besitzen.

Besonders auf kleinen Maps empfiehlt es sich, die Gesamtzahl der Brunnen möglichst gering zu halten (max. 0.1 - 0.5 pro Spieler). Vorkommen sollten sie an zentralen Stellen der Map. Um zu schnelles Creepen durch gewisse Heros zu vermeiden, kann man auch einige Airunits einfügen und/oder diesen das beste Item mitgeben.

---

[1] Das heißt: Keine nachtaktiven Creeps!
[2] Ja, das ist speziell gegen Orks. Sorry.

Goblin Laboratory

Das gute alte Goblin Lab ist sehr flexibel in seinem Einsatz und ermöglicht oft lustige Strategien (Sapper zum unglaublich schnellen Vernichten von Gebäuden, Shredder um Worker zu sparen, Kata Drop oder Cliff Drop als gemeine Taktik). Es sollte eher schwach bis mäßig stark bewacht sein und kann an quasi allen Stellen der Map vorkommen, jedoch nicht zu oft (max. 0.2 - 0.4 pro Spieler).

Dragon Roosts

Hier gilt das gleiche wie für das Goblin Lab, nur sind Roosts üblicherweise noch seltener sein und eigentlich nur auf Maps für minimal 6 Spieler zu finden. Roosts sind meist eher abseits gelegen und pro Spieler maximal 0.1 - 0.2-mal vorhanden.

Mercenary Camps

Hier ist darauf zu achten, dass kein Bug ala alter TS vorkommt. Ansonsten kann man mit Merc Camps quasi alles anstellen. Sie sollten jedoch relativ stark bewacht sein (minimal Level 16) und ca. 0.2 - 0.5-mal pro Spieler auftauchen.

Tavern

Blizzard betrachtet die Taverne seit TFT als elementaren Spielbaustein. Sie darf daher meiner Ansicht nach weder in Felsen eingebaut noch bewacht werden, um die Spielbalance nicht zu gefährden. 0.25 - 0.5 Tavernen pro Spieler bitte. Ihr Ort ist beliebig, sollte jedoch entweder eher nahe an den Basen liegen oder an zentralen Stellen.

In ihrer unmittelbaren Umgebung muss genug Platz sein, so dass man einen neu erschaffenen Helden nicht schon mit 2 Ghouls oder einem einzigen Hof einbauen kann (ja, das kommt wirklich vor!). Prinzipiell darf es aber durchaus möglich sein, mit einigen Gebäuden einen feindlichen Hero abzufangen – schließlich hat der Gegner dann den Vorteil, später die ungeschützten Gebäude vernichten zu können, sowie den Ressourcenvorteil, da er seine Gebäude zu einem „optimaleren" Zeitpunkt bauen kann.

Es soll nicht verschwiegen bleiben, dass sich am Thema „schwer zugängliche Taverne" die Geister scheiden. Einige Mapper sehen die Sache lockerer als ich. Periklez beispielsweise erachtet die Entscheidung für oder gegen eine Taverne als im Ermessen des Mappers liegend, da er die Auswirkungen für gering hält.

Viele Strategien sind jedoch nur mit einem neutralen First Hero möglich, daher sollte man meiner Meinung nach keine zu großen Steine in den Weg legen. Eine mit zerstörbaren Felsen eingebaute Taverne zwingt den Spieler zu einem Standard-Hero oder hält ihn mehrere Sekunden vom Creepen ab. Bewachte Tavernen führen zumindest oft zu einem bereits zu Spielbeginn verwundeten Helden oder gar zum Tod der Einheit, die den Helden rekrutieren sollte – eine balancetechnische Katastrophe.

Marketplace

Blizzard selbst betrachtet Marketplaces als eher irrelevant. Sie sollten ca. 0.2 - 0.5-mal pro Spieler vorkommen, an ihre Position werden keine besonderen Anforderungen gestellt. Die Wächter sollten nachtaktiv sein und zwischen Level 10 und 20 liegen.

Goblin Shipyard

Sehr selten im Einsatz. Vermutlich sind hier mäßig starke, nachtaktive Creeps angesagt. Vorkommen: Bevorzugt im Wasser.

Creeps

Über Unholde

Faire Creeps für alle Rassen

Die richtige Wahl der Creeps für einen Spot ist nicht ganz einfach. Ein besonders wichtiges Merkmal ist, dass jeder Spot ausreichend Antiair haben sollte. Besonders bei den größeren Spots leidet sonst das Gameplay extrem darunter (siehe Plunder Isle).

Dieser Aspekt wird bei nicht per Landweg erreichbaren Inseln noch verstärkt. Mit hoher Wahrscheinlichkeit werden dort bevorzugt Spieler mit großer Luftstreitmacht creepen. Man sollte es nicht zu leicht machen zahlreiche für Gegner schwer einnehmbare Inselexen aufzubauen. Darum müssen auf solchen Inseln stets zahlreiche Antiaircreeps oder Ensnarer stehen.

Es sollten einige verschiedene Arten von Creeps auf der Map vorkommen, immer nur Trolle sind schlicht langweilig. Durch etwas Abwechslung wird auch verhindert, dass sich (vor allem im Early) ein Spieler gezwungen sieht, vermehrt Einheiten mit einem bestimmten Rüstungs- oder Schadenstyp zu bauen, um besser creepen zu können.

Items gut verteilt

Selbstverständlich müssen an den entsprechenden Creepspots die exakt gleichen Items gedroppt werden, und zwar von den gleichen Units (btw. Gebäude dürfen nie Items droppen[1]!). Die Items sollten der Stärke des Spots angepasst sein, eine Tabelle dazu gibt's im nächsten Kapitel.

Ich rate dringend davon ab, Items wie z.B. LS prinzipiell nicht droppen zu lassen. Grund: Wenn Blizz in einem zukünftigen Patch z.B. LS in seiner Stärke deutlich verändert[2], wird die eigene Map, die noch zu Zeiten des alten Patches erstellt wurde, von dieser Optimierung auch nicht profitieren. Bitte überlasst das Balancen Blizzard und fummelt nicht selbst dran herum, indem ihr Items vom Drop ausschließt.

Das bedeutet jedoch nicht, dass man die aktuellen Probleme mit Items wie dem LS oder Tome of XP nicht auf eher subtile Art und Weise verringern sollte. Dazu genügt es, problematische Itemgruppen (also z.B. Level 2 Charged, die ja das LS enthält) bevorzugt an eher härteren und von den Bases abgelegenen Spots droppen zu lassen. Notfalls kann man auch die komplette Itemgruppe ausschließen – aber bitte keine einzelnen Items!

---

[1] Sonst würden die Spieler bei Einsetzen der Nacht der Reihe nach alle Häuser abfarmen ohne kämpfen zu müssen.
[2] Genau das ist inzwischen auch passiert. Und viel zu viele Maps droppen das neue, schwächere LS nicht. *facepalm*

Itemdrops

Generell sollten an einigen, vor allem roten Spots auch Runen dazugefügt werden. Je nach deren Stärke müssen die anderen Items an diesem Spot unter Umständen angepasst werden. Global sollten Items möglichst vieler verschiedener Typen/Level droppen.

Die Tabelle orientiert sich sowohl an Blizzards Empfehlungen als auch an realen Beispielen von als sehr balanciert geltenden Maps und ist für Solo optimiert. Auf AT Maps müssen die Werte individuell angepasst werden, teilweise minimal, teilweise gravierend. Ein einfaches Schema ist mir dabei nicht bekannt, ihr müsst also leider selbst die beste Möglichkeit suchen.

Ebenso müssen die Werte unter Umständen angepasst werden, wenn sich der Spot an besonderen Stellen wie z.B. über einer Ramp oder bei einem Well befindet.

Level	Items
01-02	-
03-05	1U
06	1P/U
07	1P
08	2P/U
09-10	2P/C
11-13	2P/C, 1U
14-17	3P/C, 1U/P/C
18	4P/C, 1U
19-20	4P/C, 2U
21-22	5P/C, 1U
23-24	5P/C, 2U
25	(6P/C, 1U)
26	(6P/C, 2U)
27	(7A, 1U)
28	(7A, 2U)

29	(8A, 1U)
30	(8A, 2U)
> 30	Individuell

Legende: U: Powerup, P: Permanent, C: Charged, A: Artifact

1P/U bedeutet, dass man entweder ein 1U oder ein 1P einfügen sollte. 1P, 1U meint, dass beide Items gedroppt werden sollten. An Stellen wie 3P/C, 1U/P/C sollte man vermeiden, 2 Items der gleichen Art zu droppen, 3P, 1P wäre also eine schlechte Kombination. Ebenso sollte man vermeiden, 2 oder gar 3 Items, die nicht sofort verbraucht werden (also A, P und C) an einem Spot zu droppen. Viel eher sollten die sekundären Items Powerups oder Runen sein, da sie das begrenzte Inventar des Helden nicht belasten.

Eingeklammerte Angaben sollten individuell überdacht werden, da sie sich oft auch anders lösen lassen (z.B. 3 Items statt 2) und dann unter Umständen zu einem besseren Ergebnis führen.

Wer keine Lust hat, die Tabelle zu verwenden, kann auch einfach nach dieser Faustregel arbeiten: *Gesamtlevel der Items = Gesamtlevels der Creeps / 3; und es sollte 1-3 Items pro Spot geben.*

Zur Quelle der Daten: Ich habe mich nicht genau nach Blizzards Vorschlägen gerichtet, sondern eher nach in der Praxis als balanciert bekannten Maps. Es liegt bei euch, ob ihr meiner Tabelle oder den offiziellen Angaben folgt bzw. welchen Kompromiss ihr zwischen beiden eingeht. Auf jeden Fall muss eure Entscheidung auf der gesamten Map konstant sein.

Bases

Gleicher Abstand zu Ressourcen in der Base

Ganz simpel: Der Abstand von der Main zur Mine sowie zum Wald muss bei allen Spielern gleich sein. Dabei sollte der Abstand zur Mine so gering wie möglich sein, der zum Wald sollte an der nähsten Stelle ungefähr genauso groß oder etwas größer sein. Hier darf man sich erfreulicherweise völlig nach den Vorgaben der meisten Blizzard-Melee-Maps richten.

Genug Ressourcen für jede Race

Natürlich müssten für alle Spieler genug Ressourcen in Form von Holz und Gold vorhanden sein. Minen kann man, selbstverständlich symmetrisch, verschiedene Mengen Gold zuweisen, so dass z.B. eine schwer einzunehmende und zu haltende Mine auch mehr Gold bringt und dadurch ein wenig interessanter wird. Die Startgoldmine sollte minimal 10k Gold liefern, besser noch eine ganze Menge mehr. Auch Holz sollte reichlich vorhanden sein, 10-20 Cells voller Holz in der unmittelbaren Nähe der Base dürfen ruhig sein.

Jede Race hat andere Anforderungen an den Bauplatz. Humans wollen ihre Frontline unterbringen und möglichst noch etwas Platz nach hinten freihaben, Orcs wollen das gleiche, nur mit einer anders gearteten Frontline. Elfen hätten am liebsten einen großen Freiraum, um darin ihre T2 Gebäude unterzubringen und natürlich noch viele kleine Löcher in Wald, um darin Wisps zu verstecken, und Undeads wollen irgendwas ganz komisches, das sich aber dann halbwegs mit dem der Orcs deckt... oder so.

Man sollte schlicht für jede Race sicherstellen, dass die üblichen BPs[1] funktionieren und dass generell genug Platz für Fights bei der Base ist. Als guten Richtwert könnte man ca. 10-15 freie Cells nennen.

---

[1] Building Placement. Der Ort, an den Gebäude in der Basis gebaut werden. Humans wenden z.B. oft ein BP an, in dem eine Mauer mit nur einem schmalen Durchgang vor die Basis gebaut wird, während wenige Türme direkt hinter der schützenden Mauer stehen.
Zu unterscheiden von der BO (Build Order): Die BO steht für die Reihenfolge, in der ein Spieler im Earlygame seine Gebäude baut. Wird sehr oft mit BP verwechselt. Beispielsweise könnte die BO eines Elfen so aussehen: Altar, Moonwell, AoW, Moonwell. Oft gibt man dabei noch an, der wievielte Worker ein Gebäude baut. Eine Zahl <= 5 bezeichnet dabei die Verwendung einer Starteinheit (bei UDs: 3). Taucht die gleiche Zahl mehrfach auf, so wird die Einheit nach Fertigstellung des vorigen Gebäudes gleich mit dem nächsten Bauauftrag weitergeschickt. Beispiel: 5 Altar, 6 Moonwell, 5 AoW, 8 Moonwell.

Fazit

Natürlich lassen sich nie alle vorgestellten Regeln konsequent umsetzen. Bei einigen Ideen ist es schlicht unmöglich, bei anderen würde das Design zu sehr darunter leiden: Kaum einer will auf einer völlig gespiegelten Map spielen. Je mehr balanced eine Map ist, desto langweiliger wird sie. Daher sollte man versuchen, den goldenen Mittelweg zu finden.

Meiner Meinung nach liegt der Mittelpunkt bei vielen Maps momentan zu weit in Richtung Ästhetik statt Balance[1]. Den Gelegenheitsspieler wird das kaum stören. Doch wer etwas ernsthafter an die Sache geht wird wohl zum gleichen Schluss kommen wie einige Progamer vor kurzem: „Das einzige echte Balanceproblem, das es in Warcraft 3 noch gibt, sind die Maps." Daher liegt mein Augenmerk stets sehr auf der Balance, auch wenn dann eben einige „Schmankerl" wegfallen.

Man soll es natürlich nicht übertreiben. Und bereits der ernsthafte Versuch der Umsetzung obiger Regeln sorgt leicht für ein wesentlich besseres Balancing als man es von vielen Maps gewohnt ist - ohne dass die Karte unansehnlich wird.

---

[1] Ich glaube jedoch, dass das meist keine absichtliche Entscheidung des Mappers war, sondern vielmehr einfach Sorglosigkeit und mir-doch-egal-Mentalität.

Entwickeln einer Idee

Über den genialen Einfall und die Bedeutung der
Bleistiftskizze

Aller Anfang ist schwer – eine Idee muss her, und eine gute noch
dazu. Gibt es da eine technische Lösung, kann man irgendwelche
anderen Quellen nutzen oder muss man warten bis die Muse sich
erbarmt?

Elementarteilchen

Über die wesentlichen Elemente

Ich lasse ich mich anfangs einfach inspirieren. Manchmal kommt
nach wenigen Sekunden schon eine Idee, manchmal dauert es Tage.
Sobald ich dann eine interessante Idee habe, zeichne ich ihr
Schema, ihre wesentlichen Elemente, auf Papier. Dabei achte ich
anfangs noch nicht auf Details wie z.B. die Mapgröße. Es kommt
hier wirklich nur auf die besonderen Elemente an, die später das
Prinzip und das Konzept der Map ausmachen.

Um das besser zu verstehen ein Beispiel: „Auf LT[1] wären die
prinzipiellen Elemente ein Spot in der Mitte, umgeben von Creeps
in einem Quadrat. Außen sind die 4 Spieler jeweils in der Mitte
einer Außenseite angeordnet. Sie haben 2 Wege abwärts, die
zueinander rechtwinklig stehen, der seitliche führt direkt zu einer
Exe.“

---

[1] Die Abkürzungen für die wichtigsten Maps werden im Anhang
erklärt.

Damit wäre das Prinzip von LT schon beschrieben. Fast der gesamte Rest ergibt sich später zwangläufig daraus (glaubt es oder nicht).

Meine Wenigkeit beim Vorbereiten einer Map. (Man beachte den hochkonzentrierten Blick.)

Eure selbst erdachten Elemente dürfen gerne sehr kreativ (bis hin zu „verrückt") sein. Scheut nicht vor anfangs abwegig wirkenden Gedanken zurück. Kombiniert verschiedene Ideenteile, bis ihr merkt: „Hey! Das könnte, wenn man es gut umsetzt, cool werden!". Dann zeichnet die besonderen Elemente eurer Idee auf – dabei dürfen ruhig noch einige Lücken auf dem Papier bleiben.

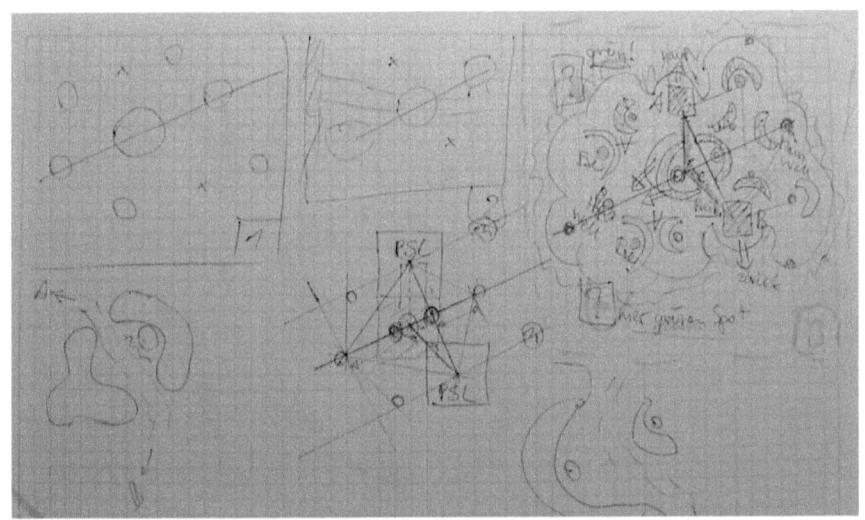

Links und unten sind einzelne Elemente und die gegenseitigen Positionen zu erkennen. Rechts oben wurde eine erste Gesamtskizze angefertigt.

Besonders wenn ihr die ersten Male so arbeitet, kann es hilfreich sein, die Elemente an einer gedachten Schiene auszurichten, z.B. einem Viereck oder einem Kreis. Zentrum der Schienen ist dabei normalerweise der Kartenmittelpunkt. Dadurch erzielt ihr automatisch gleichmäßige und meist hübsch aussehende Platzierungen.

Beaugapfeln

Über das immer weitere Verbessern des Designs

Meistens fallen schon dabei Punkte auf, die später als originelle Aspekte diese Map zu etwas ganz besonderem machen können. Ebenso erkennt man, was weniger gut ins gewünschte Schema passt. Diese Mäkel sollte man entweder abändern, bis sie passen, oder man sollte sie komplett aus der Map werfen und sich etwas Neues einfallen lassen.

Die PSLs solltet ihr sehr früh in der Map markieren. Sobald diese sowie alle Elemente halbwegs stehen, füllt ihr den Freiraum zwischen ihnen aus. Lasst euch dabei ganz von eurem Gefühl leiten: „Was hätte ich als Spieler gern an dieser Stelle?"

Zeichnet eure Map öfters mal neu auf und optimiert dabei jedes Mal die Stellen, die euch noch nicht gefallen. Beim Zeichnen prägt ihr euch die Map gleichzeitig ein, so dass ihr später einen besseren Überblick habt und nicht aus Versehen etwas komplett Falsches mappt. Ich verbrauche übrigens circa 5 A4-Seiten mit über einem Duzend Zeichnungen für eine 2-Player-Map, sparsamer Umgang mit Papier ist hier fehl am Platz.

Sobald die Elemente schließlich (halbwegs) stehen, könnt ihr wichtige, und damit meine ich wirklich wichtige, Spots einzeichnen. Dabei kommt es noch nicht auf die konkrete Stärke der Spots, ja noch nicht einmal auf das Gebäude an, das dort möglicherweise später steht, sondern nur um die prinzipiellen Positionen. Auch sollten nun Wasserflächen markiert werden. Ihr dürft übrigens auch gern Farben verwenden – das verbessert das Gefühl für die Skizze deutlich.

Achtet auch ein wenig darauf, dass später sowohl einige etwas engere Stellen entstehen (jedoch keineswegs sehr enge Stellen) als auch einige Freiflächen, die sich gut für Kämpfe eignen. Besonders wichtig sind Freiflächen an zentralen Stellen der Map.

Maßstäbe

Über Dehnen und Strecken

Die wichtigsten Punkte der Map sind nun festgelegt. Jetzt könnt ihr, wenn ihr möchtet, die Skizzen noch verfeinern und z.B. auch die kleineren gelben und grünen Spots einzeichnen. Wer dazu noch keine Lust hat oder sich noch zu unsicher ist, kann das auch später nachholen.

Seht euch die vollendete Skizze an und überlegt, welche Kartengröße zu ihr passen würde. Hilfreich kann dabei sein, dass zwischen 2 PSLs ca. 18-28 Cells Abstand liegen sollten. Auch hilfreich mag eine Tabelle mit den üblichen Mapgrößen für bestimmte Spielerzahlen sein (ist allerdings nur ein grober Richtwert). Daraus könnt ihr euch dann eine konkrete Größe überlegen, die zum Seitenverhältnis eurer Map passt.

Spieler	Cells	Übliche Seitenlängen
2	12k-17k	64-160
3	13k-21k	96-160
4	14k-23k	128-160
6	16k-26k	128-192
8	17k-30k	160-224
10	19k-36k	160-256
12	22k-45k	160-256

Generell gilt: Ihr könnt die Map jederzeit noch ein wenig nach außen ausdehnen (unter „Map size and camera options" btw „Kartengröße und Kameragrenzen"). Begeht jedoch nicht den Fehler und plant mit diesem Gedanken alles zu klein. Überlegt euch lieber anhand eurer maßstabsgetreuen Skizze die Breite der engsten Stellen. Sie sollte keinesfalls unter einer Cell liegen. Wenn doch, skaliert die gesamte Map nach oben, oder verbreitert die Engstelle.

Blaupause

Dann wird es langsam Zeit, die Map ein letztes Mal zu skizzieren, und zwar in einem geeigneten Maßstab. Er sollte so gewählt sein, dass die Kästchen (ich gehe mal davon aus, dass ihr kariertes Papier verwendet) eine gerade Zahl von Cells darstellen. Das erleichtert später den Übertrag in den PC.

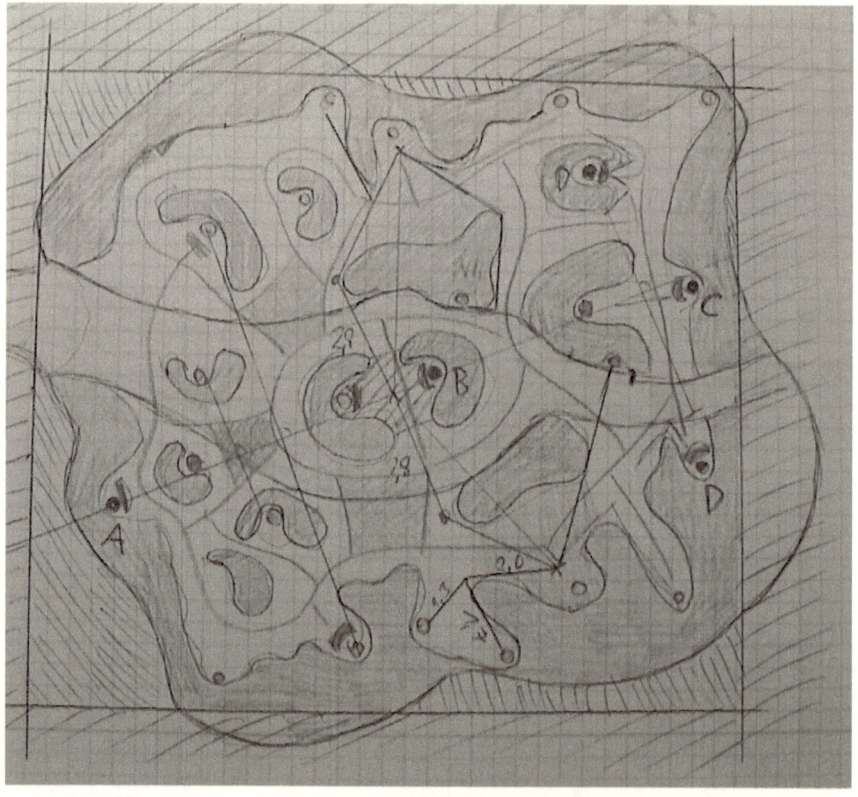

Eine finale Skizze.

Ihr habt gemerkt – statt in einem einzigen Schritt gleich eine fertige Map zu entwickeln, haben wir uns anfangs nur winzige Elemente überlegt, diese dann zusammengebaut und sie anschließend nach einem Prioritätenschema erweitert. Dadurch kann man in kurzer Zeit überraschend gute Konzepte entwickeln. Der Vorgang muss allerdings ein paar Mal geübt werden, bevor er seine volle Stärke entfalten kann – dann ist er jedoch sehr effektiv und ermöglich Mapping fast wie am Fließband.

Early Mapping:
Übertragen und Markieren

Über Tilesets und das korrekte Vorbereiten der Map

Erstellen

Über das Tileset und die Größe

Bisher haben wir eine genaue Skizze der Map angefertigt. Damit wir mit der Umsetzung beginnen können, müssen wir jedoch zuerst noch ein Tileset wählen. Wenn man sich schon sicher ist, in welchem Tileset man mappen möchte, ist das Problem gelöst. Wer jedoch noch schwankt, für den habe ich hier einen Tipp:

Beginnt die Map in eurem sonst am öftesten verwendeten Tileset, bei mir wäre das Lordaeron Summer. Ich beginne eigentlich grundsätzlich in diesem Tileset und schwenke dann, wenn ich merke, dass ein anderes besser passen würde, einfach um. Der Editor unterstützt das einfache Ändern des Sets und auch der Doodads (im Menu Advanced), eine Konvertierung ist also in diesem Stadium ohne große Probleme möglich.

Nun sind zwei wesentlichen Punkte bekannt: Tileset und Größe der Map. Initial Cliff Level bleibt euch überlassen, bei mir verbleibt es üblicherweise auf dem Defaultwert[1]. Wichtig ist jedoch, dass ihr den Initial Water Level auf Shallow Water setzt. Dadurch vermeidet ihr später nervige und sehr unschöne Probleme beim Mapping mit Wasser.

Gitterlinien

Über die Hilfslinien für den Übertrag

Erstellt also die Map mit diesen Vorgaben und zeichnet dann einige Hilfslinien ein. Diese dienen dem leichteren Übertragen der Skizze in den WE und der generellen Koordination – es ist ärgerlich, ungewollte Asymmetrien und Positionsfehler nachträglich korrigieren zu müssen.

Ich gehe dabei immer so vor: Ich schalte die Ansicht des Wassers ab (Hotkey W), so dass ich klare Sicht auf den Boden habe, und ich schalte das Gitter auf die gröbste Stufe (Hotkey G), so dass ich einige gelbe Linien vor mir habe. Ich setze mit Dark Grass einen dicken Fleck (Pinseldicke 3) in die Mapmitte, so dass ich diese auf der Minimap immer sehr schnell finde. Alternativ kann man natürlich auch irgendeine Unit einsetzen, Hauptsache, man erkennt die Mitte immer schnell.

---

[1] Wer vorhat, mit Deep Water zu hantieren, sollte hier jedoch minimal Level 4 verwenden. Normal ist der explizite Einsatz von Deep Water jedoch nicht nötig, da man auch einfach seichtes Wasser absenken kann und damit weitgehend den gleichen Effekt erzielt.

Dann füge ich von dort ausgehend mit Pinseldicke 2 in alle Himmelsrichtungen im Abstand von jeweils 2 Cells einen kleinen Fleck dunkles Gras ein. Ich schreite dabei in jede Richtung bis zum Rand der Map vor.

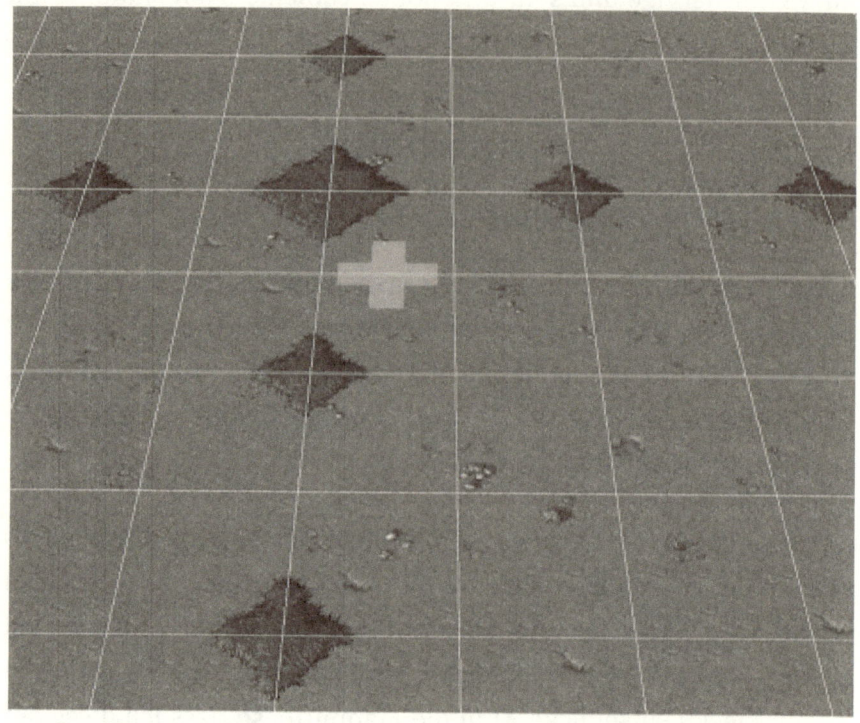

Der Mittenmarker und die 4 Himmelsrichtungen werden erstellt.

Wenn das erledigt ist, sollte auf der Minimap ein gepunktetes Kreuz zu sehen sein. Als nächstes wiederhole ich den Vorgang entlang der 4 Winkelhalbierenden, auch wieder bis zum Kartenrand. Die Minimap ist nun quasi in 8 Stücke zerteilt.

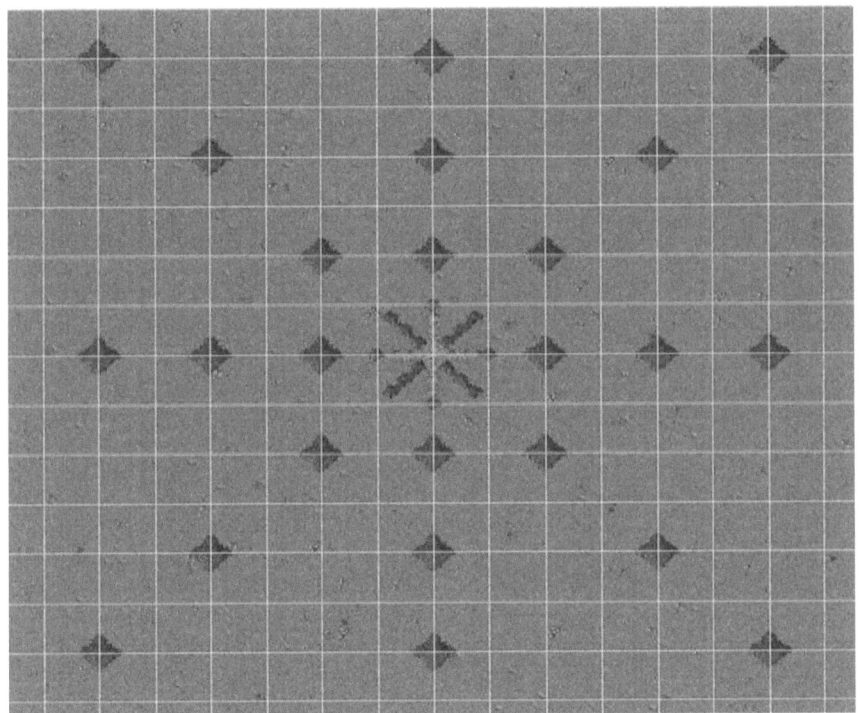

Die Karte wurde durch die Linien in 8 Segmente unterteilt.

An dieser Stelle wird euch auffallen, dass die rechten und linken Ränder gleichweit von der Mitte entfernt sind, die oberen und unteren jedoch nicht. Meines Wissens wurde das wegen der standardmäßigen Kameraansicht von Blizzard so geregelt. Weil mich das beim Übertragen der Skizze stört, ändere ich die playable map size an dieser Stelle in den Optionen so, dass die Grenze nach oben und unten gleich ist. Wenn ihr damit kein Problem habt, könnt ihr die Grenze jedoch auch gerne so belassen.

Als letzte Standard-Hilfslinie zeichne ich das äußere Rechteck ein, also die Verbindungslinie zwischen den äußersten noch sichtbaren zuvor markierten Stellen. Jetzt sollte es leicht fallen, die entsprechenden Stellen von Skizze und WE zu finden.

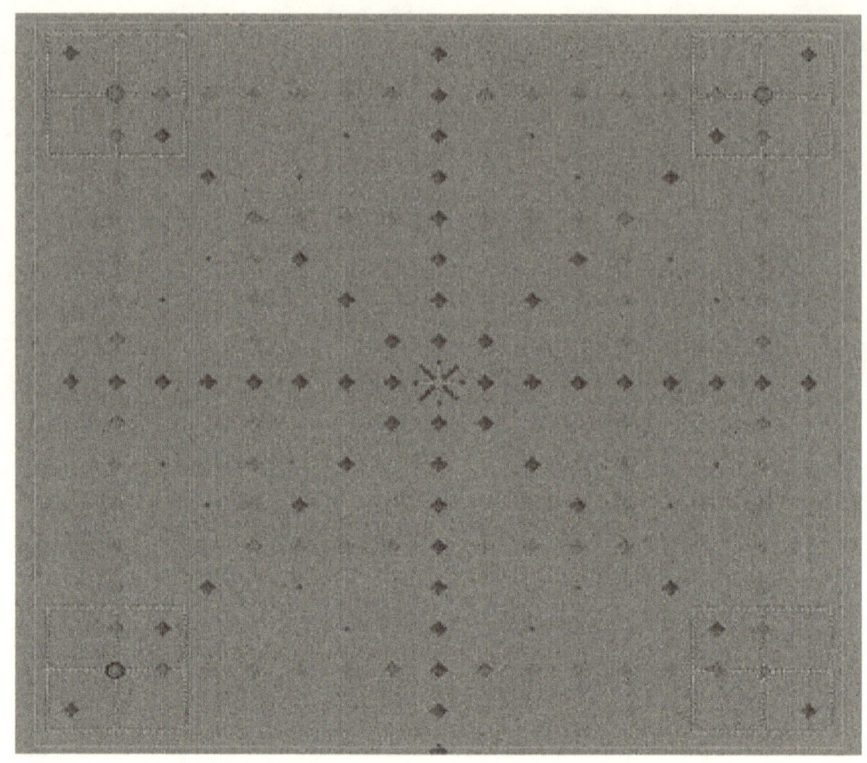

Transfer

Über Tragen, *höhö*

Nehmt Grass mit Dicke 2 in die Hand und übertragt die markanten Stellen der Skizze. Keinesfalls solltet ihr die Skizze hier komplett und millimetergenau übertragen – das wäre nicht nur sehr aufwändig, sondern würde auch einfach keinen Mehrwert bringen. Übernehmt einfach nur die Eckpunkte der wichtigsten Flächen, bis ihr eure Skizze im WE halbwegs wiedererkennen könnt. Damit ist die Übertragung an sich auch schon fertig.

Füllt nun die Flächen, an denen Wald oder große Hindernisse sind, grobflächig (d.h., macht das nicht pixelgenau, sondern wirklich nur frei Hand) mit dem gleichen Tile aus (ich verwende da immer dunkles Gras für Wald und Steinboden für Hindernisse). Schaltet dann die Wasseransicht wieder an. Hebt nun alle Stellen, die nicht unter Wasser stehen sollen (siehe dazu die Skizze!) mit dem „Raise" Pinsel an. Verwendet nicht Increase One, das gibt ~~Pickel~~ Klippen! Schaut dann, ob das Wasser die gewünschten Flächen einnimmt, und ändert es so lange bis es euren Vorstellungen entspricht.

Klippen

Wo wir gerade von Klippen sprechen: Jetzt dürft ihr auch den Klippenpinsel nehmen und vorsichtig die geplanten Klippen einzeichnen. Spart im Zweifelsfall etwas – zu wenig gibt es kaum, zu viele Klippen jedoch nur allzu schnell. Klippen eignen sich allerdings recht gut als Randbegrenzung, also als eine Art Kreis am Rand der Map, in den hinein die Map gebaut wird. Wenn ihr Probleme habt, Wasser an Klippen korrekt zu setzen, schaut mal in den Abschnitt „Enforce Water Height Limits".

Spots markieren

Jetzt setzt noch einen dicken Granitgolem an die Stellen, an denen ihr einen grünen Spot möchtet, 2 davon an die gelben Spots und 3 an die roten. Dadurch erhalten alle Spots die passende Farbe, ohne dass man sich jetzt schon mit der genauen Art der Creeps beschäftigen muss.

Wenn ihr euch die Positionen von Minen und neutralen Gebäuden schon überlegt habt, setzt ihr diese Gebäude nun an die entsprechenden Stellen ein. Ansonsten ist es nun an der Zeit, sich das zu überlegen.

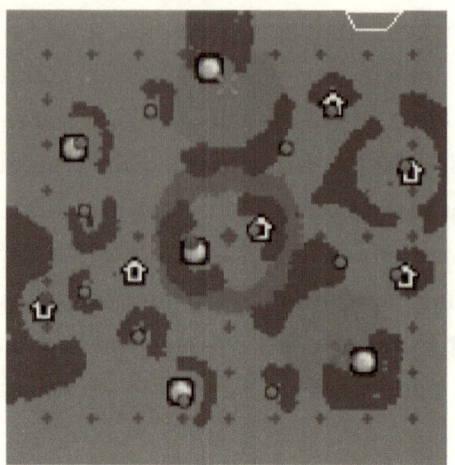

Alle markanten Elemente wurden eingefügt.

Transmission accomplished

Sobald das alles erledigt wurde, sollten alle Informationen der Skizze in den WE übernommen worden sein. Das Early Mapping ist damit beendet, wir arbeiten nun rein mit dem WE weiter.

Mid Mapping:
Wälder, Creeps und Effekte

Nachdem das Grundprinzip der Map steht, kann man sich an deren Ausarbeitung wagen. Dazu kann man sich nach einem einfachen Schema richten, in dem die Teilaspekte in einer bestimmten Reihenfolge und in kleinen Schritten nacheinander abgearbeitet werden.

Konzept

Über die zwei prinzipiellen Möglichkeiten, eine Map auszugestalten.

Globale Durchführung

Man führt nach diesem Schema alle einzelnen Schritte stets auf die ganze Map aus. Dadurch wird ein einheitliches Bild garantiert. Zudem muss man nicht so oft die Paletten wechseln und kann lange mit dem selben Pinsel arbeiten, was die Geschwindigkeit ein wenig erhöht. In meinen Maps findet dieses Schema üblicherweise Verwendung.

Lokale Durchführung und globale Übernahme

Hierbei gestaltet man nur einen kleinen Teil der Map (z.B. ein Eck) komplett aus, während der Rest der Map unangetastet bleibt und brach liegt. Dann erst gestaltet man die gesamte Karte aus. Vorteil ist, dass man in einem begrenzten Gebiet schon sehr weit vorausplanen kann und vieles ausprobieren kann. Wenn einem eine Sache dann nicht gefällt, so kann man sie sehr einfach zurücknehmen und muss nicht die ganze Karte überarbeiten.

Nachteil ist, dass man sich nach der Fertigstellung des kleinen Gebietes auch wirklich nach dessen Vorgaben richten muss. Problem 1: Ihr müsst euch alle im kleinen Gebiet vorgenommenen Schritte und Konzepte genau merken und dürft sie nicht später abändern, weil sonst die Map insgesamt nicht in sich geschlossen, nicht wie aus einem Guss wirkt. Problem 2: Wenn ihr später doch noch etwas ändern wollt, müsst ihr alles überarbeiten – und zwar wirklich alles.

Wahl

Ihr steht an dieser Stelle vor einer ziemlich wichtigen Entscheidung. Wer bereits etwas Erfahrung hat und nicht mehr viel ausprobieren muss, dem rate ich zu ersterem Schema. Wer sich dagegen z.B. an ein neues, unbekanntes Tileset wagt, der sollte durchaus erstmal ein Konzept entwickeln und sich solange an einer Stelle austoben, bis er zufrieden ist.

Allerdings sind obige Entscheidungshilfen nicht wirklich aussagekräftig, denn viele Mapper ändern das benutzte Schema nach Gutdünken oder kombinieren beide zu gewissen Graden. Ich persönlich empfehle euch eher ersteres Schema. Falls ihr euch jedoch für das zweite entscheidet, so führt alle folgenden Schritte zuerst für ein kleines Gebiet aus. Erst wenn dieses fertig ist, übernehmt die Schritte für die gesamte Map.

Hoch- und Tiefbau

Über Wasser halten

Zuerst entledigen wir uns des vielen Wassers. Dazu heben wir alle Bereiche der Map, die später nicht unter Wasser stehen sollen, mittels Raise Height an. Einfach geht das, indem man nur eine Stelle auf eine Höhe von 10-50 bringt (also etwas über dem Wasserlevel) und dann großflächig Apply Height: Plateau einsetzt.

Diese Arbeit ist einfach und schnell getan. Wichtig ist nur, dass man nicht mit Increase One, sondern mit dem Raise Height Pinsel arbeitet. Übrigens, wisst ihr, warum wir die Map mit Shallow Water statt None (also normales Land) erstellt haben? Shallow Water kann man durch anheben mit Raise Height ganz leicht in Land verwandeln, und man bekommt dabei noch einen hübschen Wasser-Land-Übergang. Umgekehrt ist das nicht möglich – durch Absenken von None bekommt man nämlich nur ein Loch in den Boden, aber kein Wasser.

An dieser Stelle setzen wir auch gleich mal die vorgesehenen Hindernisse ein (also üblicherweise Rocks), und zwar auf die dafür vorgesehenen Flächen. Oben haben wir sie mit Rock-Tiles markiert. Wer möchte, kann dabei so vorgehen wie weiter unten bei den Bäumen beschrieben wird – unbedingt nötig ist das aber nicht, da Zierblocker sehr flexibel in ihrer Anwendung sind.

Forester

Über das Pflanzen von Bäumen

Nun werden die dafür markierten Flächen mit Bäumen bepflanzt. Dabei sollte man die vorgegebenen Flächengrenzen grob beachten. Grob heißt, dass ihr gerne ein wenig abweichen dürft, je nach Lust und Laune. Wie im Kapitel übers Balancing geschrieben, habt ihr ziemlich viel Freiraum. Ihr müsst also auf keinen Fall die Flächen exakt nachzeichnen – arbeitet lieber Freihand!

Die dafür vorgesehen Flächen werden mit Bäumen gefüllt. Es ist
keinesfalls nötig, so genau wie hier zu arbeiten. Ihr habt viel Spielraum,
nutzt ihn ruhig aus.

Wichtig ist dabei jedoch, dass man nicht wild irgendwie Bäume
einsetzt, sondern so, dass die Fläche von der maximal möglichen
Menge an Bäumen besetzt wird. Dadurch werden Freiflächen im
Wald vermieden. Auch Stellen, an denen Elfen ihre Wisps zu gut
verstecken könnten, können so nicht entstehen.

Um die höchstmögliche Dichte zu erreichen, setzt man die Bäume
nach dem Wabenprinzip ein. Um einen Baum werden also genau 6
andere Bäume gepflanzt: 2 oberhalb, 2 unterhalb und jeweils einer
rechts und links. Mit ein wenig Übung geht das wie von selbst. Auch
die Pinsel ab Dicke 2 platzieren Bäume (und alle anderen Doodads)
auf diese Weise.

Zudem sollte man noch versuchen, eine „Verschiebung" der Wälder an verschiedenen Stellen der Map zu vermeiden. Gemeint ist damit, dass die Bäume der Wälder auf unterschiedlichen Stellen innerhalb ihres Tiles sitzen. Das würde Probleme verursachen, wenn man irgendwann zwei Wälder zusammenfügen will – die Bäume passen dann nicht genau zusammen, es entstehen Lücken, die wir doch eigentlich vermeiden wollten.

Dazu setzt man einfach bei jedem Wald einen Startbaum in z.B. die linke obere Ecke einer Cell. Bis zum rechten Rand der Cell passen dann noch 3 Bäume. In die Reihe darunter passen 3 Bäume in die Cell, darunter wieder 4 und dann nochmal 3. In eine Cell passen somit genau 14 Bäume, wobei noch Platz für 4 halbe Bäume ist. In größeren Wäldern passen in eine Cell somit 16 Bäume: das entspricht dem technischen Maximum, da eine Cell 4*4 Tiles hat und ein Tree genau ein Tile belegt.

Der erste Baum wird in die linke obere Cellecke gesetzt. Man erkennt,
dass dieser Baum später perfekt mit dem großen Wald verbunden
werden kann, da es keine Verschiebung gibt – beide Wälder hatten ihren
„Startbaum "links oben.

In die Cell passen 14 Bäume, es ist noch Platz für 4 halbe Bäume.

Auf einigen Tilesets gibt es Bäume, die weniger als 1 Tile belegen, beispielsweise auf Ashenvale. Hier solltet ihr bevorzugt die Variante von Bäumen setzen, die tatsächlich ein ganzes Tile belegen, während ihr die anderen nur vereinzelt oder weit von den PSLs entfernt setzt. Achtet dabei darauf, dass nicht zu viele Lücken entstehen, in denen sich kleine Einheiten verstecken können.

Wege um den Wald

Nachdem der Wald überall auf der Map gepflanzt ist, nehmen wir den Dark Grass Pinsel in Stärke 5 zur Hand und fahren alle Wälder freihand damit ab; dabei dürfen ruhig Wackler und Lücken entstehen. So entsteht um den Wald herum eine große grüne Fläche, quasi der begrünte Waldrand.

Eine Grünzone umschließt den Wald.

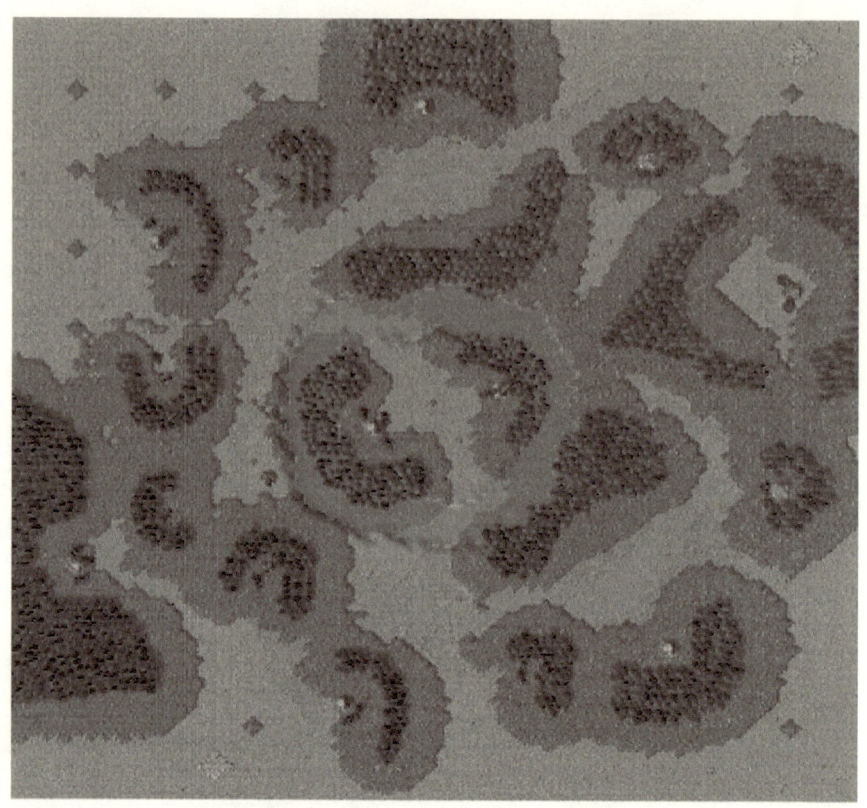
So könnte eine Map dann aussehen.

Nun ersetzen wir allen Dirt und Rough Dirt durch Grass, dazu nutzen wir Advanced/Replace Tiles, anschließend zeichnen wir mit Dirt Dicke 5 die Laufwege zwischen allen Spots ein. Dabei macht es absolut nichts, wenn Waldränder übermalt werden. Das ganze muss auch nur sehr grob gemacht werden, es dient nur zur Orientierung wo ungefähr Wege sein sollen.

Als nächstes zeichnen wir die Wege noch einmal nach, allerdings mit Rough Dirt und Dicke 3. Dadurch entsteht automatisch ein Abfall von Dark Grass beim Wald über Grass auf großen freien Flächen zu Dirt am Wegrand und Rough Dirt an den Kernstellen des Weges. Das Ganze ist sehr leicht zu lernen und sorgt automatisch für brauchbare und ansehnliche Tiles.

Die Übergänge zwischen Wald und Weg

Sonderfälle

Über die geeigneten Tiles an Spots und PSLs

Die meisten Tiles wurden nun schon platziert. Doch gibt es Stellen, an denen wir noch etwas weitergehen müssen. Zum einen sollte man zwischen PSLs und Minen mit dem 1er Pinsel Rough Dirt (mit ein paar Tupfern Grassy Dirt und Dirt) einfügen. Damit deutet man die durch die kleinen Füße der fleißigen Peons schon ausgetreten Wege zwischen Main und Mine an.

Die Wege zwischen PSL und Mine sind ausgetreten.

Zum anderen sollte man in der näheren Umgebung von Creepspots ein wenig Grassy Dirt einbauen, am besten mit dem 2er Pinsel. Man zeichnet damit kleine, dünne Wege vom Spotmittelpunkt zum nächstgelegenen Weg hin. Das kann man übrigens auch an anderen Stellen ohne Spots machen, die weit abseits der breiten Wege liegen und die sonst nur aus langweiligem Grass bestehen würden.

Creepy

Es wird Zeit, die oben mittels Granitgolems markierten Spots durch echte Creeps zu ersetzen. Hier könnt ihr recht kreativ zu Werke gehen, prinzipiell ist alles möglich. Achtet halt ein wenig darauf, dass es halbwegs normal aussieht; also bitte nicht völlig verschiedene Creeps aus verschiedenen Tilesets mischen.

Für Spots ohne neutrale Gebäude gelten zunächst nur die oben genannten Regeln fürs Balancing. Der Gesamtlevel der Creeps an einem Spot mit neutralem hingegen sollte sich grob nach der Spotlevel-Item Tabelle im Anhang richten. Beachtet dabei auch die ebenfalls im Anhang aufgeführten Tipps zur Bewachung von neutralen Gebäuden.

Achtet darauf, dass ihr genug Spots jeder Stärke einbaut, also einige grüne, einige gelbe und ein paar rote. Für je mehr Spieler die Map ausgelegt ist, desto mehr sollte sich die Häufigkeit in Richtung der starken Spots verschieben. Es ist hier extrem hilfreich, sich die üblichen Laddermaps anzusehen, die die korrekte Stärke, Art und Zahl von Spots quasi perfekt anzeigen. Auch bei den konkret verwendeten Einheiten kann man sich im Zweifelsfall gemütlich an Blizzmaps orientieren.

Ein kleiner Tipp bezüglich der Positionen von Spots: Stärkere Spots sollten prinzipiell weiter von den Bases entfernt sein, grüne sollten eher nahe an den Bases sein. Jedoch sind vereinzelnet grüne Spots mit etwas größerer Entfernung durchaus ebenso möglich, um einem defensiven Spieler sicheres Creepen ohne die Gefahr, harassed zu werden, zu erlauben.

Nicht zu vergessen sind einige Critter überall auf der Karte verteilt. Undeads sind teilweise stark auf ein paar Schafe oder Hasen angewiesen, um anfangs gut creepen zu können. Also fügt einfach pro Spieler circa 2-6 Critter grob in der Nähe von Spots oder überall auf der Karte verteilt ein.

Außerdem solltet ihr noch die Zielerfassungsreichweite für alle Creeps festlegen. Dabei gibt es folgende Regeln:

1. Standard ist der kleine Radius, also Camp (200).

2. Creeps bei Minen bekommen immer großen Radius, damit man nicht direkt neben den Creeps schon Gebäude bauen kann.

3. Creeps, die sehr weit von Wegen entfernt sind und/oder sich im Wald versteckt befinden, dürfen ebenfalls großen Radius erhalten, da bei ihnen keine Gefahr besteht, dass sie einen Spieler versehentlich angreifen.

Wenn ihr euch an diese Regeln haltet und auch die Camps halbwegs geschickt platziert, werden die Creeps nicht versehentlich vorbeilaufende Spielereinheiten angreifen – das wäre ultra nervig.

Als Negativbeispiel mit absolut bescheuerter Platzierung von Creeps kann ich euch Gnoll Wood empfehlen. Einen Sammelpunkt auf dem Helden zu platzieren kommt hier Selbstmord gleich. Gut dagegen sind Maps wie Secret Valley oder Treasure Island. Eine Ausnahme ist die Map Lost Temple, bei der (besonders im Falle von Cross Posis) der geschickte Umgang mit den Creeps in der Mitte ein geplantes Spielelement darstellt und darum geduldet wird.

Test it!

Die Map sollte nun schon spielbar sein. Minen, Bäume, Creepspots, neutrale Gebäude und die wichtigsten Tiles – alles da! Also Ctrl+F9 und schauen ob alles oben Angeführte euch zufrieden stellt. Wenn nicht, ist jetzt der Zeitpunkt, das zu ändern. Bevor wir nämlich im Folgenden die Feineinstellungen vornehmen, müssen die groben Werte alle passen... sonst werden wir später viel zusätzliche Arbeit haben.

Wichtig sind vor allem. die Position der Spots und die Ausdehnungen von Wäldern und großen Hindernissen. Wenn all das eurer Meinung nach in Ordnung ist, sehen wir uns im nächsten Kapitel wieder.

Landschaftsarchitektur

Über Höhen und Tiefen

Bisher ist die Map noch ziemlich flach. Das zu ändern ist ziemlich einfach, denn es gibt simple Richtlinien. Wir wählen den Raise Height mit Dicke 5 und heben in allen Wäldern den Boden grob gleichmäßig um ca. 300 bis 600. Keine Angst, wenn dabei Steilhänge entstehen – die beseitigen wir jetzt genauso einfach, indem wir den 5er oder 8er Smooth Height großflächig über alle Hügel wandern lassen.

Sobald das Ergebnis halbwegs vernünftig aussieht, schwingen wir den Raise Height Pinsel noch ein wenig weiter, bis sich auf der ganzen Map keine Stelle mehr findet, die völlig flach ist. Dabei solltet ihr jedoch keine so großen Höhenunterschiede wie bei den obigen Hügeln erzeugen; der Boden soll zwar nirgends flach sein, aber die Hügel dürfen ruhig deutlich herausstechen.

Spielt ruhig mit diesen Funktionen – zur Not ladet eine früher gespeicherte Datei, wenn ihr mal ganz kräftig Scheiße gebaut haben solltet (was aber kaum vorkommen kann). Die Kombination der 3 Pinsel Raise, Lower und Smooth ist sehr durchschlagskräftig und sollte exzessiv genutzt werden.

Hier kann ich euch noch einen kleinen Trick überliefern: Erhöht neben den Wegrändern das Gelände um circa 50-100 mit dem 2er Pinsel und glättet es dann ein bisschen mit dem 3er Smooth ab. Dadurch sieht es so aus, als liegt der Weg in einer kleinen Senke, so ähnlich wie ein ausgetrockneter Fluss. Das sieht dann ein besser aus als ein nur durch Texturen angedeuteter Weg. Vorteil gegenüber dem simplen Absenken der Wegmitte ist, dass ihr a) nicht versehentlich auf Wasser stoßen könnt und b) ihr automatisch ein hübscheres Gesamtbild bekommt als beim einfachen Absenken.

Es kann kaum genug betont werden, wie wichtig das Variieren der Geländehöhe für eine Map ist. Und ihr werdet auch selbst merken – durch diesen einen Schritt sieht die Map gleich um so viel spielbarer aus.

Wettermaschine

Über Fog und Weather

Zum Schluss noch ein paar Kleinigkeiten. Wir gehen zu Scenario/Map Options/Prefs. Dort stellen wir einen passenden Himmel für die Map ein. Lordaeron Summer Sky sollte meistens passen, aber wählt einfach was euch am besten gefällt. Wem Skies nicht gefallen, der muss auch keinen wählen – manche stören sich an dem Schwebeeffekt an den Kartengrenzen, den man bei aktivierten Skies manchmal erleben kann.

Dann wählen wir den Reiter Options und aktivieren den Terrain Fog. Welche Werte und Farbe ihr verwendet, ist prinzipiell egal, sie sollten nur die Sicht im normalen Spiel nicht versperren. Direkt darunter bietet Global Weather eine einfache Möglichkeit, um jede Map deutlich zu verschönern. Sucht euch etwas Passendes raus, ich verwende meist einen leichten Regen.

Wettereffekte könnt ihr noch weiter ausreizen, indem ihr einige Rects auf der Karte erstellt und ihnen jeweils einen Wettereffekt zuweist. Probiert damit ein wenig herum, es werden sich schnell gute Ergebnisse zeigen. Anregungen: Sonnen- oder Mondlicht um Wells herum, Wind in Gebirgen, Nebel in Tälern.

Die Mondstrahlen sorgen für eine stimmige Atmosphäre.

Ein echter Geheimtipp ist dabei Dungeon White Fog (Light). Es ist fast nicht sichtbar, sorgt aber dafür, dass sich auf dem Boden ständig kleine Helligkeitsunterschiede ergeben. Effektiv sieht es dann so aus, als würde Wind über den Boden streifen oder die Sonnenstrahlen durch die Wolkenbewegung unterschiedlich intensiv den Boden erreichen. Diese Art von Wettereffekt kann durchaus auf einem globalen Rect verwendet werden und sorgt für einen entzückten Blick bei manchem detailverliebten Betrachter.

Natürlich sollte man nicht zu viele Wettereffekte vermischen. Wenn immer nur 1-4 von ihnen gleichzeitig sichtbar sind hat man eine gute Einstellung getroffen.

Unnamed Map

Nun, da die Map schon ziemlich weit ausgestaltet ist, wird es langsam Zeit, über einen Namen nachzudenken. Falls ihr euch schon etwas überlegt habt – umso besser! Wenn euch jedoch partout kein guter Einfall kommen mag, hier ein paar Tipps, wo man nach einem passenden Namen suchen kann:

Gebiet	Beispiel
Wortfeldbezeichner (schaut dazu einfach mal ein Wörterbuch)	Zorn, Gleichmut, Zwietracht, Mut, Furcht, Hochmut, Freude, Glück
Antike Orte oder Persönlichkeiten	Demetrios, Aperlai
Deutsche Monatsnamen (statt lateinischer)	Januar: Hartung, Eismond, Schneemond
Alte deutsche Wörter	Aventiure (Wagnis)
Warcraft-Universum	....
Elemente der Map	Wirbel, Silberwald
Allgemeine Ortsbezeichnungen	Seitental, Sumpfland

Falls euch mit obigen Methoden immer noch nichts einfällt, gibt es auch noch die Holzhammermethode. Nehmt euch ein beliebiges Buch, in dem viele Nomen stehen, z.B. ein Lexikon, ein Duden oder ein Wörterbuch. Holt euch dann mittels zufälliger Wortsuche irgendwelche Worte, bis sich etwas gut klingendes ergibt. Beispiele: *Pasture, Home, dry, consider, Tragkraft, Entbehrung, Gelöbnis, Stellungsspiel.* Daraus kann man dann neue Namen kreieren: Dry Home, Entbehrliches Stellungsspiel. Oder es fallen euch Worte ein, die den gefundenen ähnlich klingen und sich noch besser machen, z.B. *Confidence.*

Meistens klingen die ersten Ideen noch etwas hölzern, doch mit einer Übersetzung ins Englische oder durch das geschickte Vertauschen oder Hinzufügen einzelner Buchstaben ergeben sich oft interessante Namen. Im Lauf der weiteren Arbeiten wird euch sicher noch ein besserer Name einfallen, wenn euch der bisher gefundene nicht gefällt.

Am Ende dieses Kapitels habe ich gleichzeitig eine gute und eine schlechte Nachricht. Prinzipiell ist die Map jetzt schon fertig, es fehlen nur noch Tiles und Doodads – aber die können durchaus länger dauern als alle bisherigen Schritte. Doch mehr dazu in den beiden nächsten Kapiteln.

Late Mapping:
Doodads und Tiles

Über Ziegel, Rocks & Shrubs, Inseln in Wasser und Land

Um aus der rein funktionalen Map auch eine schöne zu machen, müssen noch Doodads und Tilevariationen dazugefügt werden. Doodads sorgen für viele hübsche Details, während mehr Tiles für einen besseren Eindruck aus größerer Entfernung sorgen. Wir beginnen hier mit letzteren, obwohl die Reihenfolge, in der man beides in die Map einbaut, an sich egal ist.

Ziegel

Über Tiles

Big Picture

Verwende global möglichst viele verschiedenen Tiles. Es darf nicht die halbe Map nur von Gras überzogen sein.

Wir haben oben mit dem einfachen Schema bereits dafür gesorgt, dass diese Regel halbwegs eingehalten wird. Solltet ihr dennoch Stellen finden, an denen großflächig nur ein einziges Tile sichtbar ist, fügt einfach noch ein paar Flecken mit anderen Tiles ein. Vermutlich handelt es sich um eine weite, freie Ebene; in diese solltet ihr sowieso noch ein kleines Hindernis, z.B. einen winzigen Wald oder einige Zierblocker, einfügen.

Vermeide grade Kanten

Vermeide lange, gerade Kanten an den Grenzen eines Tile-Gebietes.

Zu gerade Stellen wirken unnatürlich. Man beachte, dass auch diagonale Kanten betroffen sind.

Es genügt, einfach an ein paar Stellen der Kante die Tiles der einen Seite etwas zu erweitern.

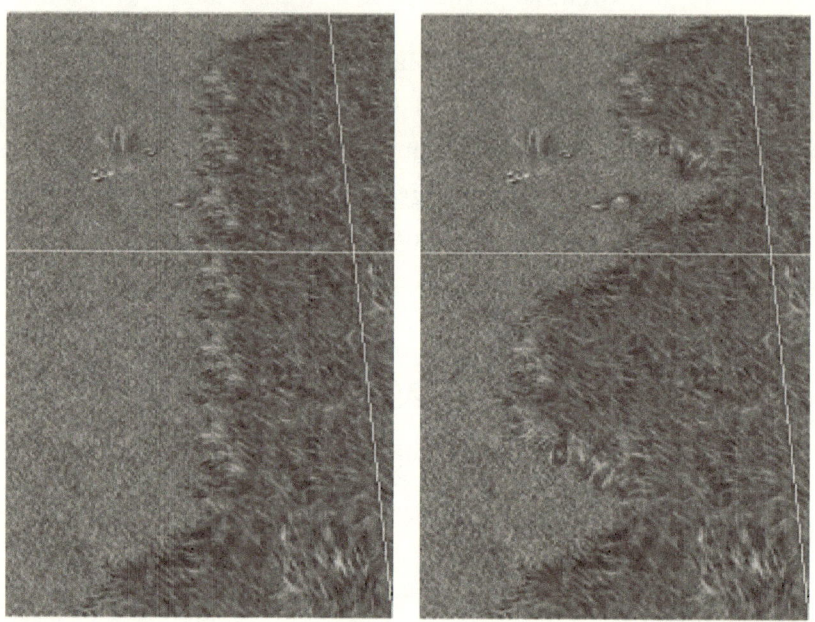

Schon mit minimalen Maßnahmen sehen die Übergänge weit besser aus.

Vermeide verlorene Tiles.

Tiles werden verloren genannt[1], wenn sie allein inmitten anderer Tiles stehen. Stattdessen sollte man sie entweder erweitern, so dass 2 oder 3 Tiles an der Stelle sind. Natürlich dürfen hin und wieder einzelne Tiles vorkommen – aber bitte selten!

---

[1] Man kann sie auch Sommersprossen nennen... oder Pickel.

Zwei verlorene Tiles allein auf weiter Flur – wenn sich solche Stellen häufen, steigt der Ugliness-Faktor der Map rapide an.

Bei dieser Regel gibt es 2 Ausnahmen: Erstens, wenn Tiles zwar verloren sind, aber kaum so wirken. Das ist an bestimmten Kanten der Fall. Siehe dazu am besten folgendes Bild:

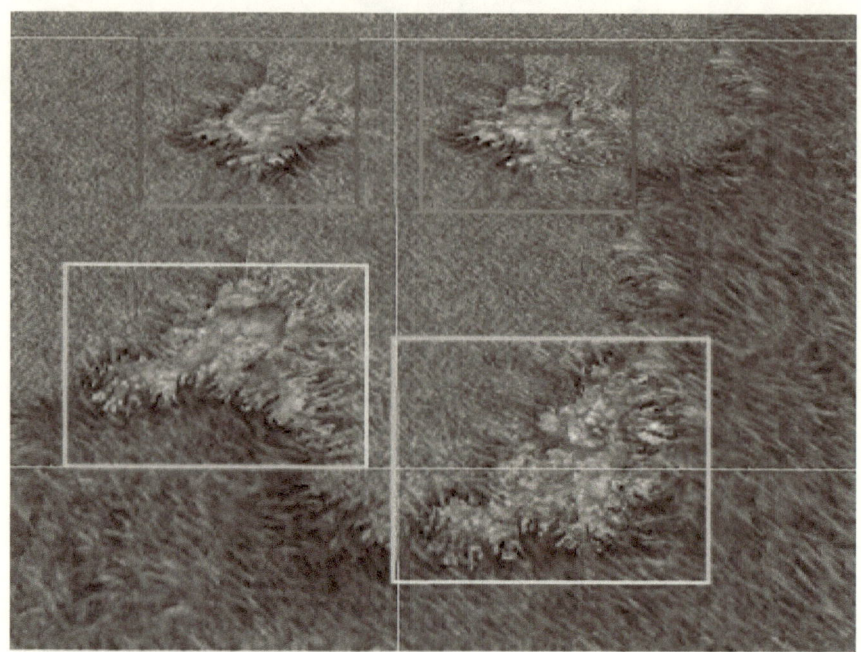

Während die oberen beiden Tiles einfach falsch sind, sind die beiden unteren zwar auch verloren, wirken jedoch wesentlich angenehmer.

Zweitens, wenn es sich um sehr ähnliche Tiletypen handelt. So ist z.B. Rough Dirt inmitten von Dirt eigentlich immer erlaubt, auch als verlorenes Tile. Wichtig dabei: Alle Arten von Gras sind von dieser Regel ausgenommen und müssen grundsätzlich vermieden werden, weil sie eine viel stärkere Wirkung haben als die diversen Dirts.

Dirt verloren im Rough Dirt – und dennoch erlaubt, weil er das Gesamtbild nicht stört, sondern sogar bereichert.

Übergänge

Erstelle weitgehend fließende Übergänge zwischen zu unterschiedlichen Tiles. Heißt soviel wie: Dark Grass wächst nicht einfach so inmitten von Rough Dirt. Wenn man an den Übergängen etwas Grassy Dirt einfügt kommt das ganze viel natürlicher rüber.

Dark Grass auf Dirt wirkt komisch.

Ein paar Tiles als „Puffer" erzielen eine viel bessere Wirkung.

Wenn ihr zuvor die Tiles nach Anleitung platziert habt, werdet ihr mit dieser Regel wahrscheinlich kaum Probleme bekommen, da das Schema genau solche Probleme verhindert.

Spielereien

Nachdem nun ausführlich über Tiles geredet wurde, kommen wir zu meinem Lieblingsthema, den Doodads. :-)

Eins vorweg: in allen mir bekannten Blizzardmaps werden meiner Meinung nach viel zu wenig Doodads genutzt (es werden auch zu wenig Tilevariationen verwendet, aber das ist ein anderes Thema). Also nehmt Blizz Maps in dieser Hinsicht lieber nicht als Vorbild. ^^;

Rocks

Beginnen wir mal mit Rocks. Ihr werdet an dieser Stelle schon Rocks eingefügt haben, wenn sie von euch an bestimmen Stellen der Map gefordert waren. Wir gehen jetzt noch einen Schritt weiter und platzieren überall auf der Map noch ein bisschen mehr Rocks, und zwar an Waldrändern.

Es sollten auf jedem Bildschirm an wenigstens einer Stelle ein paar Rocks zu sehen sein. Es genügen schon 2-3 Stück, die man so in den Waldrand einbaut, dass sie an einigen Stellen etwas herausragen, an anderen Stellen dafür eher etwas in den Wald hineindrängen. Wenn euch das zu kompliziert ist, dann ersetzt einfach an ein paar Stellen der Map 2 oder 3 Trees vom Waldrand durch Rocks. Wer will kann übrigens noch ein bis zwei Tiles Rocky Ground zu den Rocks stellen. Verlorene Tiles sind hierbei sowieso kaum sichtbar und darum erlaubt.

Natürlich darf man das nicht an Stellen tun, wo der Spieler vermutlich Holz abbauen wird – also an Mains und Exen. Und natürlich auch nicht zu viele solche Rocks einbauen... das wirkt sonst komisch, spätestens wenn man mehr Fels als Wald sieht. ;-)

Diverse Möglichkeiten zum Plazieren von Rocks am Waldrand. Man könnte zusätzlich noch ein wenig Rocky Ground einfügen.

Ach ja, und passt ein wenig auf, dass es die Elfen nicht zu einfach haben mit dem Verstecken von Wisps. Aktiviert hin und wieder die Pathinganzeige und prüft, ob es zu viele Stellen gibt, an die Helden nicht mehr hinkommen.

Shrubs

Fahren wir fort mit Shrubs, also Büschen. Ich platziere gerne etwas mehr davon [1]. Geeignete Stellen: Waldränder, neben Rocks, zwischen andere Zierdoodads, etc... Ich denke die Bilder sprechen für sich.

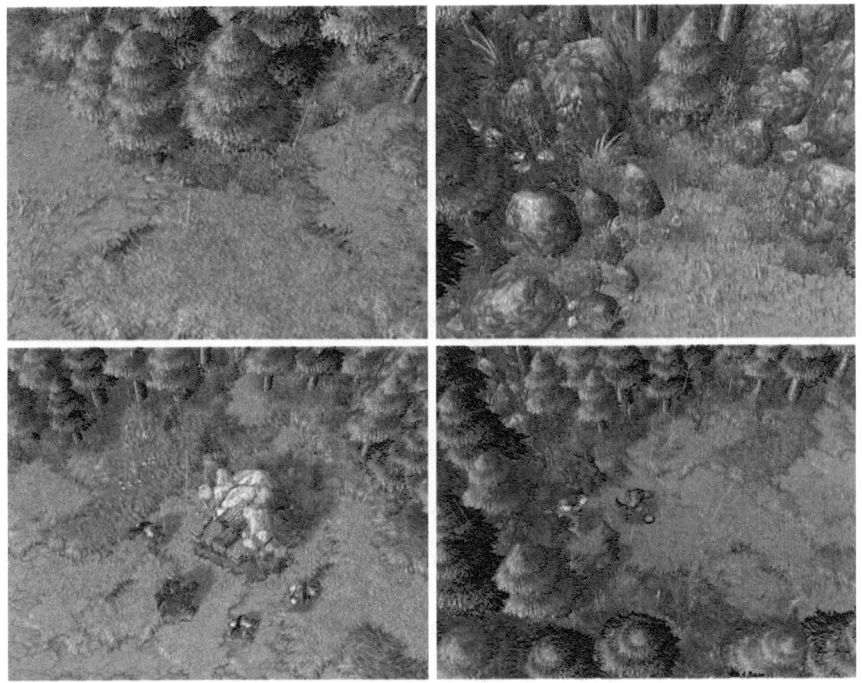

Beispiele für den Einbau von Shrubs.

Ihr solltet darauf achten, die Shrubs nicht in andere Doodads einzubauen. Manchmal erzielt man dadurch einen schönen Effekt, meistens wirkt es jedoch einfach nur komisch, wenn ein Busch aus einem Stein heraus wächst.

Wie viele Shrubs ihr einbaut bleibt euch überlassen, einige mögen es eher karg, andere (ich) können nicht genug bekommen. ;-)

---

[1] Shruuuuuubs!!111

Blumen sind ein ebenso schönes wie gefährliches Stilmittel. Werden sie falsch eingesetzt, zerstören sie die Atmosphäre, werden sie jedoch korrekt eingesetzt, betonen sie die Schönheiten der Map noch mehr. Generell gelten beim Platzieren von Blumen diese einfachen Regeln:

Keine zu großen Haufen bilden

Innerhalb einer Cell sollten niemals mehr als 3-6 Blumen sein. Setzt man mehr hinein, so wirkt diese Stelle überladen und sticht unangenehm heraus.

Nicht zu viele Arten mischen

Pro Cell genügen 2 Arten von Blumen völlig. Alle Arten wild durcheinander an einem Ort sind schlicht unnatürlich. Schaut vors Fenster, und ihr werdet zwar alle Arten von Blumen finden[1], an einer einzelnen Stelle sind jedoch immer nur wenige Arten gehäuft.

Die richtige Blume für jede Situation

Blumen erzeugen aufgrund ihrer Farbenpracht eine kräftige Wirkung, die zur Umgebung passen muss. An eher düsteren Orten sollte man unbedingt blaue/dunkle Blumen bevorzugen, ab hellen Orten eher gelbe/helle. Weiße Blumen stechen noch mehr als gelbe heraus und dürfen keinesfalls an düsteren Orten eingesetzt werden.[2]

---

[1] Zumindest wenn ihr wie ich auf dem Land lebt. Städter dürfen sich alternativ die Begrünung eines Parks als Vorbild nehmen.
[2] Look at me, I'm a flower!

PSLs und Minen sind tabu

Wagt es um Himmelswillen nicht, Blumen im großzügig berechneten Gebiet um PSLs oder Minen zu setzen. Wenn dort ein Undead baut werden diese Blumen auf Blight die Stimmung extrem stören.

Inseln

Über große Freiflächen

Noch ein Wort zu den kleinen „Inseln" von Doodads inmitten einer sonst freien Ebene. Auf keinen Fall solltet ihr eine zu große Fläche frei lassen, baut besser eine kleine Doodadansammlung (die „Insel") irgendwo in sie hinein. Die effektive Größe, die Art und Menge der Doodads dafür schwankt und sollte nach Gefühl platziert werden.

Geeignet sind prinzipiell eigentlich alle Doodads. Als schnelle und einfache Lösung bewährt haben sich beispielsweise einige (2-4) Trees mit einigen Props. Und natürlich ein paar Shrubs dazu. Grassy Dirt verleiht dem ganzen noch etwas mehr Glaubwürdigkeit, und so lässt sich in wenigen Sekunden ein tolles Hindernis zaubern, dass für ein hübscheres Bild sorgt.

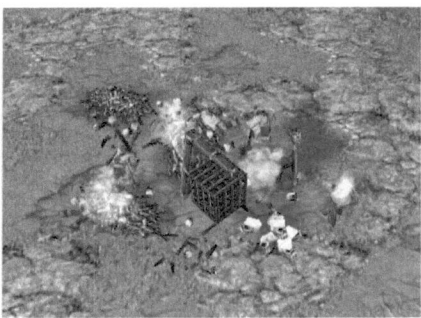

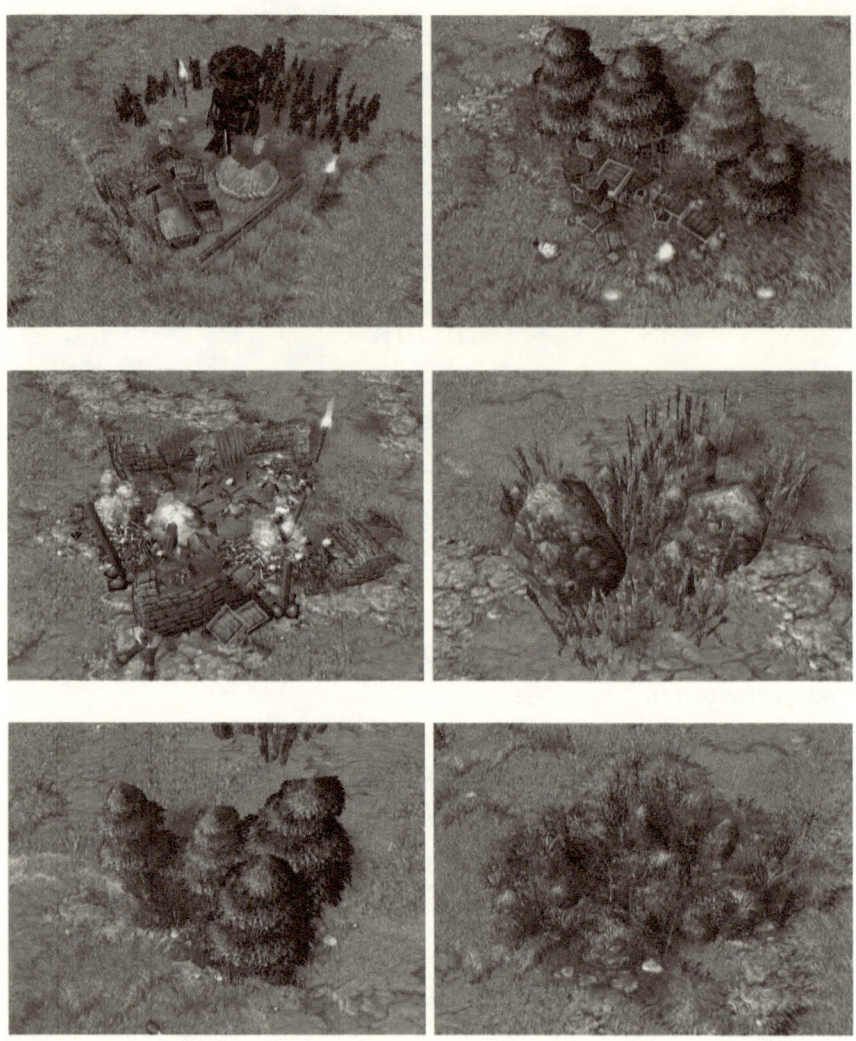

Seid bei Inseln ruhig kreativ, es ist so vieles möglich. Und verwendet sie häufig – alle obigen Bilder stammen aus einer einzigen Map für 4 Spieler, und es wurden längst nicht alle Inseln gezeigt.

Ob und inwieweit eine Insel begehbar ist, liegt im Ermessen des Mappers. Generell gilt:

Es ist alles möglich was beim Spielen gut wirkt. Das heißt konkret, wenn der Spieler erwartet, durch etwas (nicht) laufen zu können, dann sollte das auch so sein. Besteht Wahlfreiheit (begehbar oder nicht, beides möglich), liegt es am Mapper, was gewählt wird. Wichtig ist natürlich, dass Einheiten nicht auf dumme Weise stecken bleiben und/oder sich verstecken können.[1]

Weiter hinten gibt's noch diverse Beispiele und dazugehörige Kritiken.

Wasser

Über den Umgang mit dem feuchten Element

Das Erstellen von Küstenabschnitten ist eine Wissenschaft für sich. Hier hat wohl jeder andere Vorstellungen bezüglich Art, Zahl und Platzierungsweise der Doodads. Auf den folgenden Bildern zeige ich daher einfach mal einige Anregungen, wie ich das gerne löse. Ihr könnt euch ja selbst die Technik raussuchen, die euch am besten gefällt.

---

[1] Anders bei Starcraft: Dort sind Tricks mit der Platzierung von Einheiten beliebt, z. B. ein paar Fernkämpfer in einer Ecke zu der der Zugang mit wenigen Nahkämpfern blockiert wird.

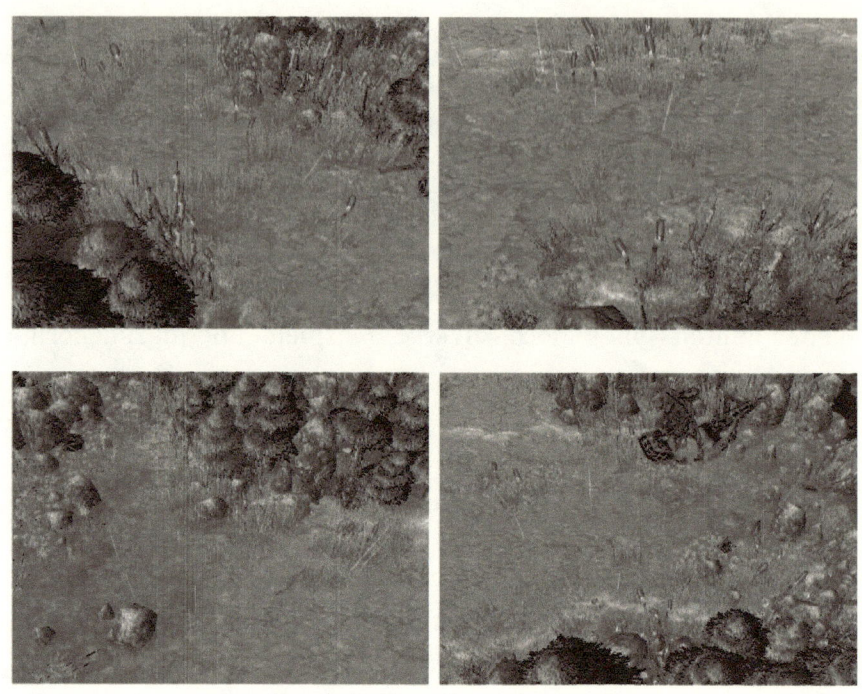

Doodads im und am Wasser.

Mehr

Über das, was man machen sollte, wenn sonst alles fertig ist

Weiter könnt ihr jetzt noch einige Vögel (ca. einen Schwarm pro Bildschirm) und Blumen (nach dem gleichen Prinzip wie Shrubs) platzieren. Und ins Wasser auch ein paar ~~Fischlein~~ Fischis.

Ihr solltet prinzipiell natürlich jedes Doodad kennen. Zierblocker im Wald werden wie oben beschrieben gehandhabt, außerhalb des Waldes platziert ihr sie in lockeren, kleinen Formen, wie oben im Abschnitt über Inseln beschrieben. Für Zierdoodads gilt generell: *„Big doods (Trees, Rocks) with mass small doods around (Shrubs, Grass, Mushrooms, Flowers), always works."*

Es ist übrigens nicht nötig, Angst wegen der Mapladezeiten oder der Performance während dem Spiel zu haben. Erfahrungsgemäß sind Doodads in dieser Hinsicht auch in großen Mengen ungefährlich.

Ein kleiner Tipp am Rande noch: Wenn ihr beim Plazieren von Doodads Shift drückt, könnt ihr sie bis zu einem gewissen Grad ineinander bauen. Unter Umständen kann das einmal von Vorteil sein – wendet diese Funktion jedoch mit Bedacht an, sie ist ein wenig unberechenbar.

Spots & Doodads

Bei neutralen Gebäuden, besonders im Wasser, machen sich Doodads oft sehr gut. Auch hier einige Bilder als Anregung.

Doodads bei Spots – eine gute Kombination.

F1nally

Über den Stand der Dinge

Damit sind wir auch schon am Ende des grundlegenden Hauptteiles angekommen. Eure Map sollte jetzt, wenn ihr bisher nach Guide gemapped habt, bereits gut spielbar sein und auch brauchbar aussehen.

Wenn ihr jedoch nach mehr strebt, und eure Map wirklich schön machen wollt, dann folgt mir ins nächste Kapitel.

Bis zur Perfektion

Über das Optimieren einer Map und das Gefühl für Schönheit

Bisher sind wir stets einfachen Regeln gefolgt. Nun beginnt der Teil, der sich schwerer in Worte fassen lässt, denn es geht hier mehr um Gespür, um Gefühl und um den richtigen Blick.

Um es ganz elementar zu sagen: Ziel ist es, Langeweile zu vermeiden und den aufmerksamen Betrachter immer wieder zu überraschen. Das erreichen wir, indem wir alles zufällig wirken lassen, als ob die Natur selbst gemappt hätte. Dabei gilt es jedoch dringend, sowohl Chaos als unnatürliche Konstellationen zu vermeiden. Ich versuche mal, das Ganze an einem Beispiel zu erklären.

Optimierte Ziegel

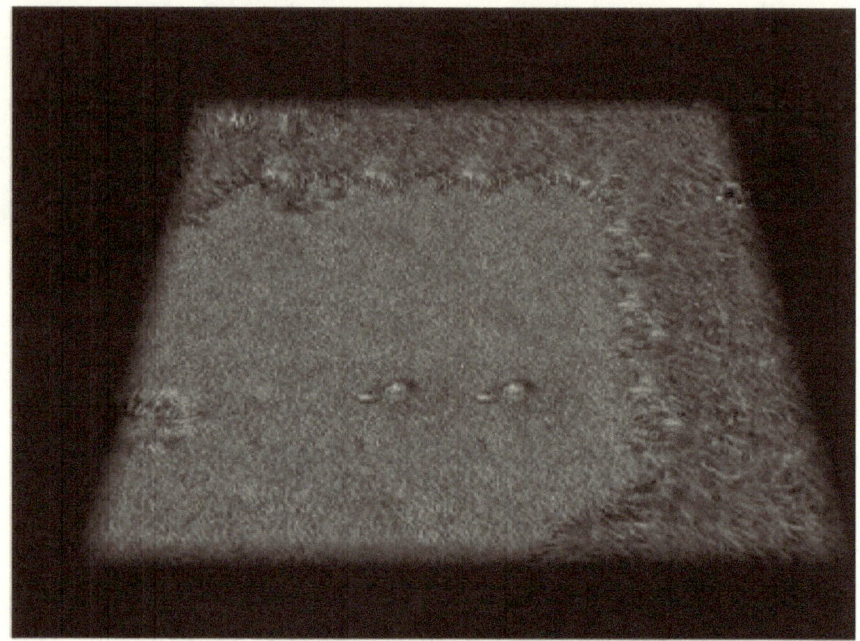

Solche Übergänge zwischen Dark Grass und Grass kann man
(leider) in vielen Maps beobachten. Doch euer Gespür sagt euch,
dass diese langen graden Kanten und exakten rechten Winkel
furchtbar langweilig wirken. In ihnen ist einfach kein
überraschendes Moment.

Mit einer einfachen Änderung sieht das ganze schon wesentlich ansprechender aus. Es gibt keine langen geraden Stellen mehr, alles wirkt schon etwas natürlicher.

Eine andere mögliche Veränderung mit dem gleichen Ergebnis. Doch das ist uns noch nicht genug, wir setzen jetzt noch einen drauf!

Wir haben 2 neue Tiles eingefügt. Dadurch kommt sozusagen Farbe ins Bild. Die Tiles sind zwar verloren, sehen aber fein aus und daher stört uns das nicht weiter. Eigentlich könnten wir sogar noch ein wenig mehr neue Tiles reinbringen....

Mehr. Da geht noch was.

Na also. Das sieht doch eigentlich schon mal ganz gut aus. Doch hier steck ein furchtbarer Fehler... wer entdeckt ihn?

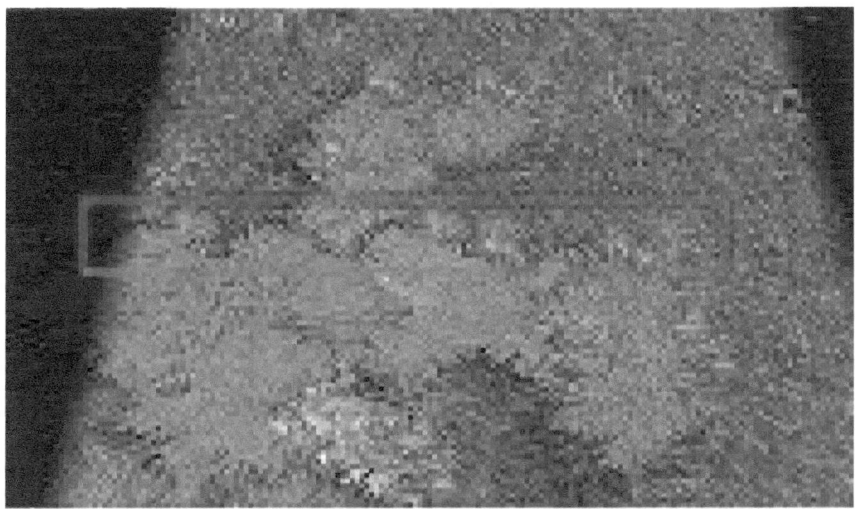

Genau! Hier ist eine lange, waagerechte Linie zu sehen. Zum Beheben könnte man z.B. ein Grass statt dem Rough Dirt in der Mitte einsetzen. Hier bügeln wir das jedoch aus, indem wir noch ein paar Tiles mehr einbauen.

Die Linie ist zwar noch vorhanden, wirkt jedoch viel weniger intensiv, weil wir rechts für Ablenkung sorgen. Über das verlorene Dark Grass in der Mitte kann man sich streiten, ich würde sagen, es ist zwar schon ziemlich hart an der Grenze, aber noch akzeptabel, wir lassen es also erstmal bestehen[1].

Nun vergleicht mal das letzte mit dem ersten Bild. Die Verbesserung ist offensichtlich. Wichtig ist, dass ihr beim Verbessern auf euer Gefühl hört, das euch sagt, wenn irgendetwas nicht mehr stimmt. Beispiel: Die lange waagerechte Linie. So etwas aufzuspüren verlangt eine gewisse Erfahrung.

---

[1] Weil ich zu faul bin das Bild nochmal mit einem besseren Tile zu machen.

Fortschreitende Doodads

Über optimierte Spielereien

Wir machen jetzt noch weiter mit obigem Beispiel. Nehmen wir einfach einmal an, der Ausschnitt steht auf der Karte inmitten einer weiten freien Fläche (in diesem konkreten Fall also die Schwärze). Wir sagen uns: Nein, das darf nicht sein, eine so große Freifläche ist doof. Also fügen wir eine Insel ein.

Ein paar Bäumchen machen den Anfang.

Dazu noch ein paar Zierblocker.

Natürlich, Shrubs dürfen nicht fehlen. =)

Neben Shrubs machen sich auch River Rushes sehr gut.

Ein paar hübsche Doodads. Ach, sieht das nicht herrlich aus?

Wie wirkt dieses Skelett?

Antwort: Nicht so gut.

Eine braune gefärbte Textur ohne Übergang auf Grass/Dark Grass zu legen kommt einem Verbrechen gleich. Weg damit.

Schon besser. In dieser Lage harmoniert es mit dem Untergrund. Setzen wir nun noch etwas mehr Doodads ein.

Links die aufgespießte Leiche macht sich ganz gut. Doch das Feuer liegt auf Dark Grass... Euer Gespür sagt euch: Widerlich – Weg damit!

Auf dem Fels sieht es schon viel annehmbarer aus. Verglichen mit dem Quellbild haben wir eine wahrlich prächtige Szene geschaffen.

Mapping Instrumentality

Verbesserungen in eine Map einzubauen kann (fast) jeder. Die Kunst liegt darin, das Gefühl zu entwickeln, das auf große und kleine Probleme und Verbesserungsmöglichkeiten hinweist.

Der Prozess zu diesem Gespür findet allein in eurem Kopf statt. Ein Weg dorthin ist, immer wieder überraschende Stellen auf eine harmonische Weise einzubauen. Irgendwann geht das in Fleisch und Blut über, und ermöglich euch den Betrachter regelmäßig zu entzücken. Nur wer auch das vollständig meistert (ich will nicht sagen, ich könnte das; ich bin vielmehr noch meilenweit davon entfernt), ist wohl in der Lage, wirklich eine „perfekte Map" abzuliefern.

Mit diesen Worten schließe ich den Hauptteil. Ich hoffe, ihr habt verstanden worauf es mir ankam. Bis zum Late Mapping kann es jeder schaffen, indem er einfach nur die simplen Regeln beachtet; was darauf folgt, ist Übungs- und Einstellungssache. Haltet euch nur an die Regeln und entwickelt euer Gespür.[1]

---

[1] Wer denkt, ich wolle hier Mapping zur Religion erheben, liegt vielleicht nicht ganz falsch. Eine persönliche Sekte mit zahlreichen Untergebenen kann manchmal schon praktisch sein.

Praxis

Ich meckere ja oft und gern über Maps. Balance, Design, Gameplay... als Perfektionist gibt man sich nicht so schnell zufrieden. Doch wer meckert, soll auch mal konstruktive Beiträge liefern. Ich werde daher nun ein kleines Stück einer Map aussuchen und verschönern. Dabei werde ich absichtlich nicht bis zum Erbrechen optimieren, sondern nur die wichtigsten Aktionen ausführen. Das Ergebnis bleibt danach zur kritischen Betrachtung.

Odessa

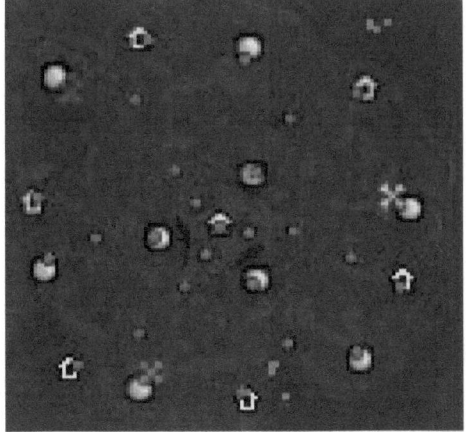

Odessa ist eine koreanische Ligamap und stammt (soweit ich weiß) von einem mir nicht näher bekannten Mapper namens Fheruji. Sie basiert auf dem Felwood-Tileset und bietet Platz für bis zu 3 Spieler.

Mein erster Eindruck von der Map war gespalten – einerseits gehört Odessa zweifelsohne zu den besseren Maps ihrer Klasse, sie ist relativ interessant gestaltet und nutzt ein außergewöhnliches Tileset. Andererseits gibt es kaum Tilevariationen noch Doodads, und die Tavernen werden frecherweise von Creeps bewacht.

Dieses Gebiet habe ich ausgewählt. Einige Creeps, ein paar Bäume und ein dickflüssiger Tile-Brei – mehr gibt es hier nicht zu sehen. Das ändern wir jetzt.

Bereits ein paar schnell hingeschlampte Tileänderungen lockern die Szene auf.

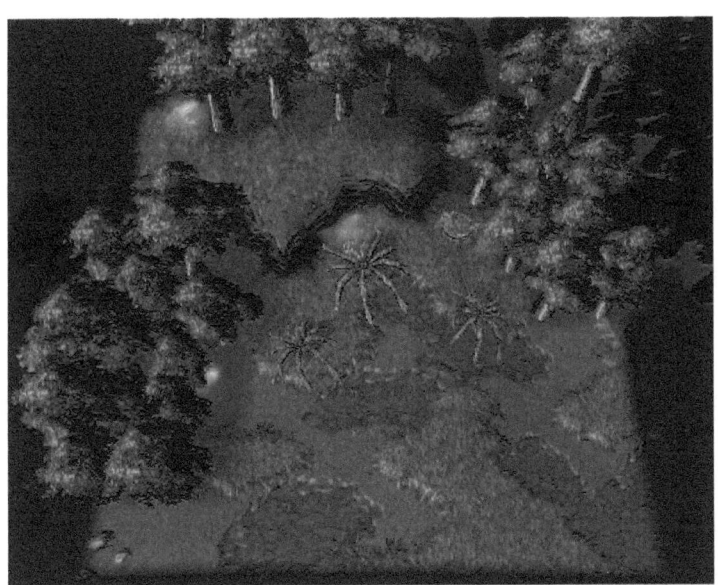

Im Eck erkennt man ein einzelnes Stück Rubble, zudem sorgt Blighted Mist an den Waldrändern für eine gruselige Stimmung, die durch einige Bats (die man leider im Bild kaum erkennen kann) dynamisch wird.

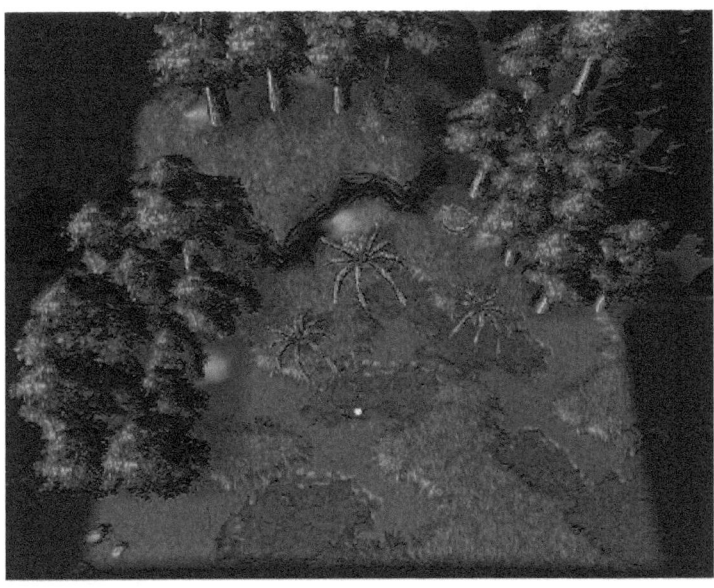

Remains scorched und einige Büsche beleben das Bild.

Mushrooms passen gut ins Bild. Lily pads gehören eigentlich ins Wasser, machen sich hier aber auch gut. Da Lily pads normalerweise flach auf dem Boden aufliegen und ihm sich in ihrem Winkel nicht anpassen (ist ja normal auch unnötig, Wasser ist stets flach), habe ich sie etwas erhöht. Dadurch werden ihre Ränder nicht unansehnlich unter den Boden gedrückt.

Ein paar Rocks schaden eigentlich nie. Der Fels rechts im Wald war kaum sichtbar und erzeugte ein merkwürdiges Loch, daher habe ich ihn auf maximale Höhe hochskaliert.

Shrubs... wirken leider in dieser Umgebung nicht besonders gut. Ich litt zu diesem Zeitpunkt unter akuter Geschmacksverirrung.

Ein Stump hollow und diverse Vines thorny bilden den Abschluss.

Es bieten sich jetzt noch diverse weitere Detailverbesserungen an. Der Baumstumpf wirkt etwas verloren, die Shrubs sind im Verhältnis zu ihrer Umgebung zu grell und sollten eventuell hinter Bäumen versteckt werden. Die Bäume selbst sind nicht nach dem Wabenprinzip angeordnet. Oben auf der Erhöhung ist zu viel freier Platz, der von einem Baum oder von Felsen eingenommen werden sollte.

Allerdings ist, verglichen mit dem Anfangsbild, ein deutlicher Fortschritt sichtbar. Die Szene wirkt wesentlich natürlicher und bringt auch die Stimmung der Karte deutlich besser rüber. Das Ergebnis kann sich echt sehen lassen, wenn man bedenkt, dass mich der ganze Vorgang nur wenige Minuten gekostet hat.

Turtle Rock

Dabei seit Version 1.0

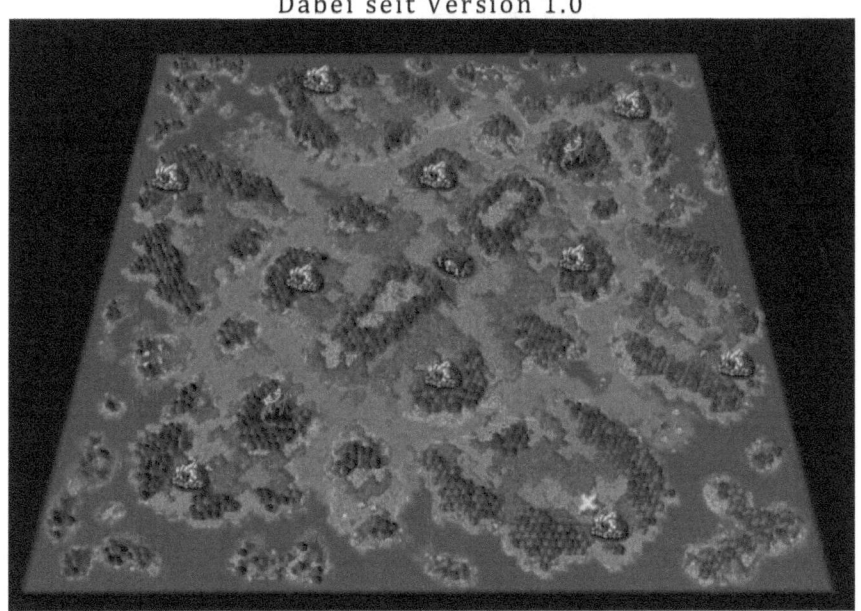

Turtle Rock gehört schon ewig zum Ladderpool. Ihre Beliebtheit verdankt sie neben dem interessanten Design auch ihrem guten Gameplay und ihrer exzellenten Balance. 2 oder 4 Spieler können sich inmitten des gut genutzten Lordaeron Summer Tilesets spannende Matches liefern.

Als ich mich ans Optimieren dieser Karte gemacht habe, stieß ich auf ernste Probleme: Es gibt kaum mehr etwas zu verbessern. Insbesondere die Tiles sind, wenn man bedenkt, dass es sich um eine Blizzard-Map handelt, einfach hervorragend. Auch die Doodads sind für eine Laddermap sehr gut und relativ zahlreich.

Hier ist das Gebiet, das ich ausgewählt habe. Die Tiles sind eigentlich schon ganz vernünftig, daher werde ich sie nicht verändern.

Fügen wir zunächst mal ein paar Fische (links unten im Bild) ein, damit die (vermeintlich fleischfressenden) Turtles auch was zu futtern haben.

Einige Lily pads sorgen für noch mehr Farbe im Wasser.

Abschließend noch einige Shrubs und River rushes.

Insgesamt hat sich nicht viel getan, es gibt hier schlicht sehr wenige
Stellen, die Verbesserungen bedürfen.

Waterland

Dabei seit Version 2.0 auf Vorschlag von Thá_Shadow

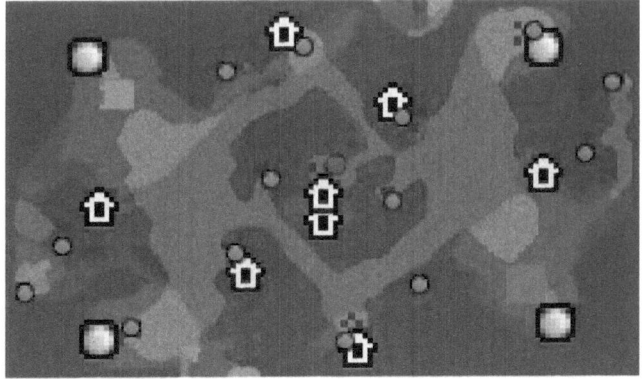

Waterland ist eine neue Melee Map von Thá_Shadow, die auf dem Lordaeron Summer Tileset basiert und Platz für zwei Spieler bietet. Sie ist symmetrisch aufgebaut und bietet eine geeignete Menge von Creeps jeder Stärke.

Der Autor hat an vielen Stellen fleißig Doodads verteilt, an denen sie auf vielen anderen Maps fehlen, und war um eine gute Balance besorgt.

Über die Itemverteilung lässt sich streiten, sie ist ein wenig ungewöhnlich, da die Items separat und mit teilweise mit besonderen Dropchances angegeben wurden. Wie gut sie im Endeffekt ist, ist schwer zu beurteilen, wirkt aber brauchbar. Die Verantwortung für die Droptables liegt stets beim Mapper, die Qualität beurteilen dann die Spieler.

Das Gesamtergebnis ist noch nicht perfekt, die Doodadplatzierung gefällt mir noch nicht so ganz (an einigen Stellen eher zu viele, an anderen eher zu wenig) und die Tilevariationen sind ebenso dürftig wie die diversen langen graden Tilekanten.

Doch all diese Punkte lassen sich recht schnell verbessern (das habe ich hier ja auch exemplarisch an einer Stelle vor) und dann sollte sich dank des zwar nicht besonders innovativen, aber weitgehend soliden Mapdesigns eine gute Map ergeben.

Diese Stelle habe ich mir für meine Veränderungen ausgesucht. Wenig Texturvielfalt, wenig Doodads, ein enger Zugang zum neutralen Gebäude.

Zunächst habe ich einige neue Tiles hinzugefügt, so dass der Boden ein bisschen vielfältiger wirkt.

Einige Zierblocker erzeugen Stimmung. Die Enge wurde durch das Entfernen eines Baumes erweitert. Noch mehr Platz wäre aber wünschenswert.

Seerosen und treibende Objekte ins Wasser, in Bewegung sieht das sehr nett aus.

Ein paar Schilfrohre, um die Küste nicht so leer zu lassen. Zudem ein Duzend Shrubs und River Rushes sowie einige Blumen.

Die Creeps wurden in die Mitte der Fläche geschoben. Letzte
Detailverbesserungen wurden an den Texturen vorgenommen.

Einige weitere Doodads und we're all set.

Die ganze Szene aus einem anderen Blickwinkel.

Verglichen mit der Quellsituation wurde das Gebiet mit mehr Tiles und Doodads bereichert. Der enge Zugang wurde breiter und mit diversen Zierblockern verschönert, so dass er interessanter wirkt. Diese Vielfalt sollte das Auge des Betrachters einen kurzen Moment innehalten lassen, während er noch vom weitgehend soliden Gameplay der Map beeindruckt ist.[1]

Was noch stört sind die Kartengrenzen, die generell sehr ins Spielfeld hineinragen und oft mit einer langen Reihe von einzelnen Bäumen gedeckt wurden, was unansehnlich ist. Zudem sind einige Wege sehr schmal, so dass Creepjacks allzu schnell tödlich enden können. Doch diese Kritikpunkte lassen sich leicht verbessern.

---

[1] Das ist natürlich in seiner Dramatik etwas übertrieben ;-)

Inseln

Über die i-Tüpfelchen jeder Map

Durch Anregungen im Forum[1] habe ich mich entschlossen hier noch auf die Doodad-Inseln einzugehen. Ich werden einzelne Beispiele zeigen und meine kurze Kritik darunterstellen. Dabei werde ich nicht auf Details eingehen, sondern nur meinen ersten Eindruck beschreiben. An einigen Stellen habe ich noch Kommentare von anderen Mappern eingefügt. Eine komplette Übersicht gibt's im verlinkten Thread.

1 http://forum.ingame.de/warcraft/showthread.php?s=&threadid=161180

Rechts stößt auf breiter Front dunkles Gras auf blanke Erde. Shrubs fehlen! Die Blumen sind zu regelmäßig angepflanzt. Der Boden ist noch ausbaufähig und die Bäume sollten an einer Stelle etwas verändert werden (wirkt sonst wie ein regelmäßig angepflanzter Baumkreis), aber sonst sieht alles sehr gut aus.

Die Blumen sind zu zahlreich und dicht. Ein Baum würde eventuell gut wirken. Ich vermisse irgendwie die Dirt-Textur. Die Felsen im Vordergrund heben sich zu stark vom Boden ab und wirken daher ein wenig unnatürlich. Zum Beheben könnte man die Texturen an einer Stelle unter den Felsen ändern oder den Boden rau machen (anheben/senken). Und vor allem...... Shrubs fehlen! *Hände zum Himmel werf*

Hab nach einer Minute das Suchen aufgegeben: perfekt. Der einzige
Makel sind die fehlenden Erhebungen, die hier aber nicht wirklich
notwendig sind.

Zu regelmäßig, es gibt auf großer Skala wenig Ungleichheiten. Es wirkt recht leer, die Texturen sind langweilig. Shrubs!

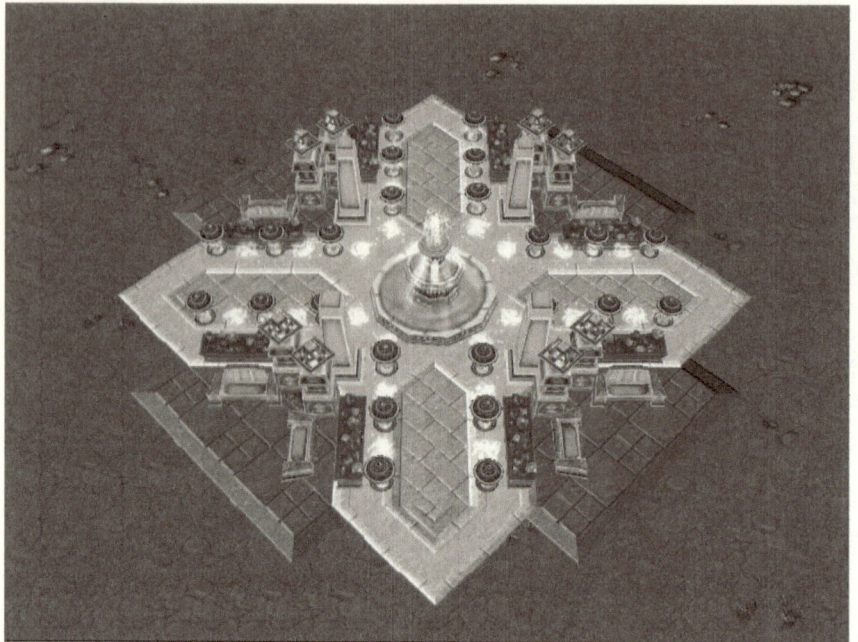

Sieht gut aus, hier wurde viel aus dem schwer zu verwendenen Tileset herausgeholt. Es fehlen Erhöhungen. Shrubs... sind hier nicht nötig (ausnahmsweise), daher ist es gut dass du keine gemacht hast.

Masterflash: *Sieht ganz hübsch aus, doch bei einer Map mit dem Tileset könnte ich mir diese Insel nur in der Mitte vorstellen und da sollte sie schon komplett begehbar sein. Es ist in diesem Zustand hier nur ein halbes Hindernis, die Einheiten können bis zum Brunnen laufen und dann, ja dann stecken sie fest. Nicht ganz glücklich für eine Melee Map. Btw gilt hier immer noch mein Tipp: Doodads dezenter platzieren!*

Die Texturen wirken wie ein Einheitsbrei, die ganze Wasserfläche ist leer (keine Seerosen o. ä.!). Das Ufer ist leer, es fehlen Binsen, Büsche und Bäume. Erhöhungen sucht man auch vergebens. Ganz schlecht!

Ein Busch ist im Felsen (fragwürdig, aber möglich), es gibt für meinen Geschmack ein bisschen zu wenig Doodads. Sonst alles sehr gut! Mir gefallen besonders die Platzierung der Doodads und der Einsatz der Mushrooms.

Der Editor

Hotkeys

Über Mausschubser und Tastaturathletik

Es gibt fast überall Hotkeys. Wer sich schon mal eingehender mit einem beliebigen Programm beschäftigt hat wird dessen Hotkeys fast zwangsläufig in einem gewissen Umfang beherrschen.

Wenn im Spiel selbst Hotkeys so sehr in Verwendung sind („APM 300"), warum sollte man im WE auf sie verzichten? Ich habe testweise eine Zeit lang auf die Verwendung von Hotkeys verzichtet. Das Ergebnis: Ich nicht nur generell wesentlich langsamer, sondern konnte auch einige Aktionen erst nach langwieriger Suche im Menu überhaupt finden, die ich sonst in Sekundenbruchteilen erledigt hätte.

Ich kann also jedem nur anraten, die Hotkeys zu lernen. Natürlich nicht alle und nicht auf einen Schlag. Ich mache das üblicherweise so: Immer wenn ich mit der Maus irgendwo klicken muss, wo ich auch eine Taste hätte drücken können, merke ich mir die Taste. Sie ist natürlich noch nicht fest eingeprägt, doch wenn man die Funktion öfters nutzt, wird man sie schnell unvergesslich im Hirn speichern und immer öfter statt der Maus verwenden, bis man schließlich (und zwar oft schon nach ziemlich kurzer Zeit) zum Großteil mit Hotkeys arbeitet. Dieses Schema funktioniert mit absolut jedem Programm, ist simpel und dennoch sehr effektiv. Darum kann ich nur empfehlen, es konsequent anzuwenden.

Copy & Paste

Ihr könnt in allen Layern die jeweiligen Objekte markieren und kopieren, also z.B. Doodads, wenn ihr im Doodad Layer seid, oder Einheiten im Unit Layer. Weniger bekannt ist, dass man auf diese Weise auch Terrain kopieren kann, also Tiles, Höhenstufen und Klippen. Markiert dazu einfach den Ausschnitt an Boden, den ihr woanders einfügen möchtet, und drückt wie üblich Ctrl+C.

Zudem könnt ihr in allen Layern das Kopierte auch drehen oder spiegeln. Schaut euch dazu einfach im Menu „Edit" um. Es ist sogar möglich, etwas zu markieren und es sofort zu drehen oder zu spiegeln. Unter Edit findet ihr dazu ganz unten die Punkte Mirror/Rotate Selection *. Wie oben besprochen, solltet ihr euch hier einige Hotkeys einprägen, die die Arbeit beim Kopieren, Drehen usw. deutlich beschleunigen.

Unbegrenzte Power

Hinter dem Kürzel WEU verbirgt sich der World Editor Unlimited, eine Modifikation für den normalen WE. Sein Autor PitzerMike beschreibt den WEU als „a simple executable file that adds additional power to the Warcraft III World Editor without modifying any of the files of your Warcraft installation. It enables map creators to do things previously not possible and extends certain World Editor limits."

Jedem bleibt selbst überlassen, ob er auf einen alternativen Editor umsteigt oder beim Original bleibt. Für Funmapper ist der WEU äußerst interessant, für Melee Mapper dagegen kaum. Ich selbst verwende den WEU nicht. Gründe dafür sind z.B. die unnötig vergrößerten Map-Dateien, der teilweise etwas holprige Einsatz und das häufige Einsatzverbot bei Contests. Ich werde daher auch nicht weiter auf den WEU eingehen. Wer sich für ihn interessiert, kann unter http://www.wc3campaigns.net/tools/weu/ Informationen finden.

WEU

Grenzenlos

Über den NoLimits-Patch

Einige von euch sind sicherlich schon an den Punkt gestoßen, dass man endlich die ganze Map wunderschön mit Doodads verziert hat und dann speichern will und... „Oh! Was steht da? Zu viele Doodads? WTF?" - owned.

Der Sinn der Begrenzung u.a. auf 6144 Destructables und 8192 andere Doodads hat vermutlich den Sinn, die Ladezeiten von Maps in einem kleinen Rahmen zu halten und ältere PCs nicht bei der Grafikdarstellung oder dem nötigen RAM zu überfordern. Heutzutage gibt es solche PCs quasi nicht mehr, auf sie Rücksicht zu nehmen ist nicht mehr nötig (so wie man heutzutage zwar noch ein wenig auf ISDN User Rücksicht nehmen sollte, nicht jedoch auf 33k-Modem User).

Das Problem wurde schon vor langem erkannt und die Lösung ist simpel: Es gibt ein kleines Programm namens NoLimits-Patch, das vor dem Speichern der Map gestartet wird, dann ein Klick auf „Patch" und schon lässt sich die Map speichern. Dabei wird an der Karte selbst keine Veränderung vorgenommen. Es kommt also, wenn man eine normale und von den Limits unbetroffene Map speichert, egal ob man mit oder ohne NoLimits speichert, die exakt gleiche Datei heraus.

Von der Engine her gesehen ist die Beschränkung nicht bedeutend. Es kann maximal die angegebene Zahl von Doodads gleichzeitig angezeigt werden, d.h., überzählige Doodads auf dem gleichen Bildschirmausschnitt werden nicht angezeigt. Im Editor merkt man das nur, wenn man sich die gesamte Map ansieht: Es werden nur noch die Schatten der überzähligen Doodads angezeigt. Im Spiel selbst kann man das programmtechnische Limit jedoch nicht erkennen – man kann das Limit also getrost umgehen, ohne Probleme beim Spielen der Map befürchten zu müssen.

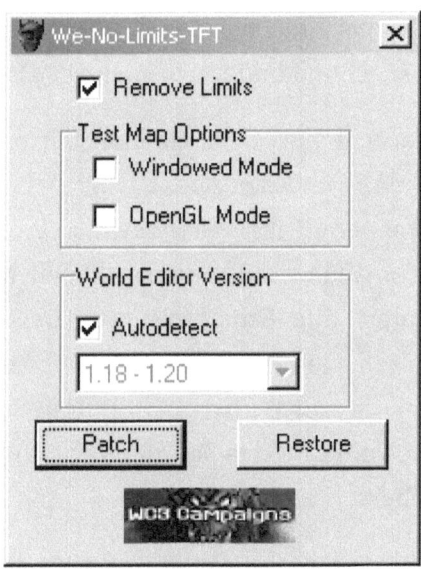

Der No-Limits-Patch ist weitgehend selbsterklärend.

Innere Werte

Über einige Details und die Macht von selten genutzten
Funktionen

Viele Funktionen im WE sind simpel, z.B. dürfte kaum jemand
Probleme haben, File/Save Map zu verstehen. Doch gibt es auch
manches, bei dem zunächst vielleicht nicht genau klar ist, wie man
sie korrekt einsetzt.

File/Calculate Shadows and Save Map
(Datei/Schatten berechnen und Karte speichern)

Normalerweise berechnet WE die Objektschatten unabhängig von der Höhe des Objektes und des Bodens, auf den der Schatten fällt, d.h., ein Baum auf einem Hügel wirft exakt so viel Schatten wie ein Baum in einem Tal. Wählt man jedoch diesen Menüpunkt an, so berechnet WE sofort alle Schatten unter Berücksichtigung der Geländeunebenheiten neu, so dass sich physikalisch korrekte Schatten ergeben. Es wird also an all den Stellen der Boden verdunkelt, auf die kein direktes Sonnenlicht trifft. Danach wird die Map noch gespeichert.

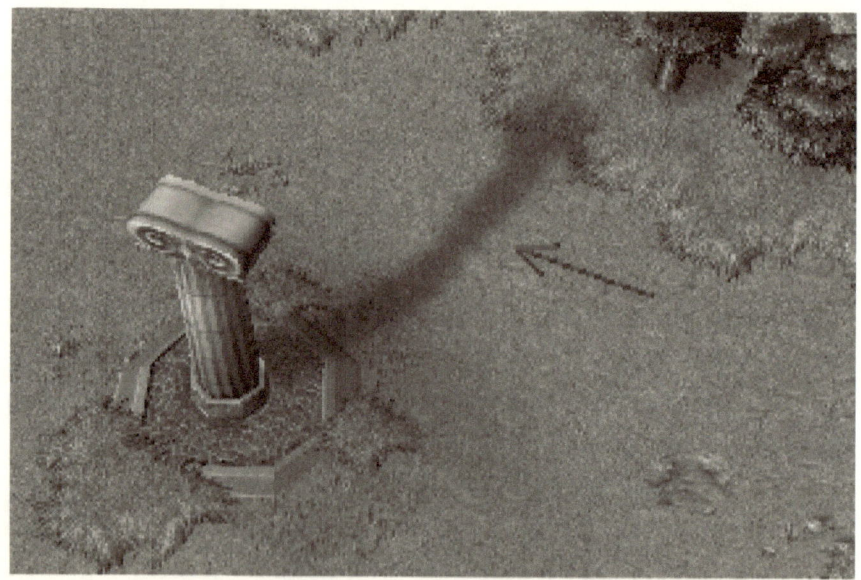

Dieser Schatten wurde durch Calculate Shadows erstellt.

Schatten, die auf diese Weise erzeugt wurde, bleiben bestehen, auch wenn der Grund für ihre Existenz schon längst gelöscht wurde.

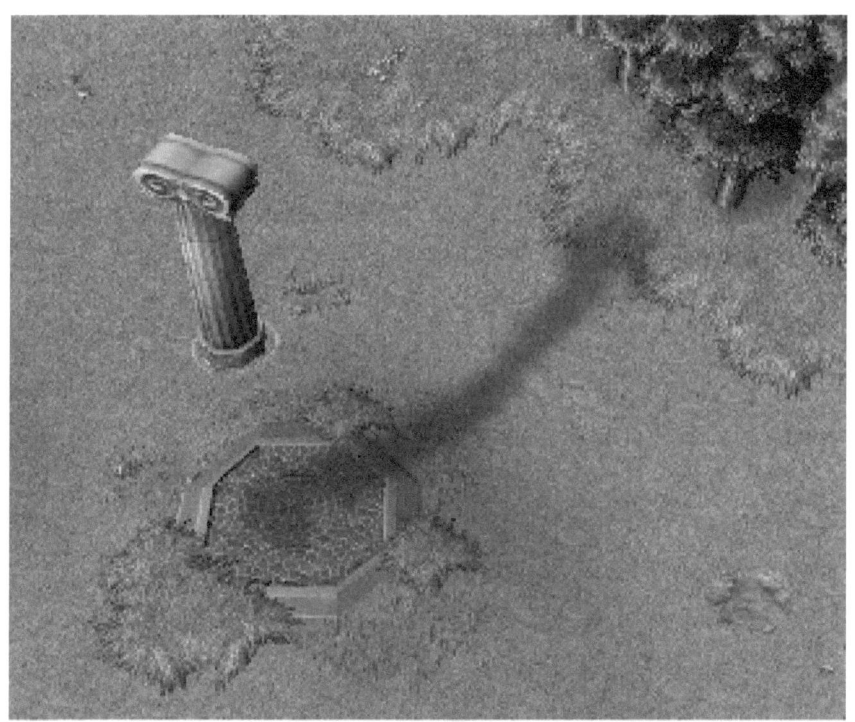

Der Schatten bleibt bestehen, auch nachdem die Säule bewegt wurde.

Um den Fehler zuverlässig zu beseitigen muss man die Schatten einfach erneut berechnen lassen.

Das Berechnen kann auf großen Maps mit vielen Doodads und sehr unebenen Gelände durchaus mal eine Stunde und mehr in Anspruch nehmen. Optimalerweise sollte man ihn also z.B. kurz vor dem Mittagessen starten.

Bitte traut euch nicht, eine Map ohne korrekt berechnete Schatten zu veröffentlichen. Zwar wirkt für den Mapper der Anblick seiner Karte mit Schattenwurf zunächst oft etwas ungewöhnlich, doch man gewöhnt sich schnell daran und lernt die Abwechslungen und das Spiel der Sonne mit dem Schatten schnell ebenso zu schätzen wie es die Spieler später werden. Und davon abgesehen, die ohne Berechnung oft genug auftretenden groben Schattierungsfehler lassen mir das Blut in den Adern gerinnen. Stellt euch vor, auf LT wäre nach dem Verschieben einer Säule nicht neu berechnet worden... *brrr* *schüttel*.

Edit/Rotate *, /Mirror *
(Bearbeiten/* drehen, /* spiegeln)

Wenigen bekannt, lässt sich damit das Clipboard drehen und spiegeln. Wer schnell eine symmetrische Map erstellen wird, hat hier eine brauchbare Hilfe zur Hand.

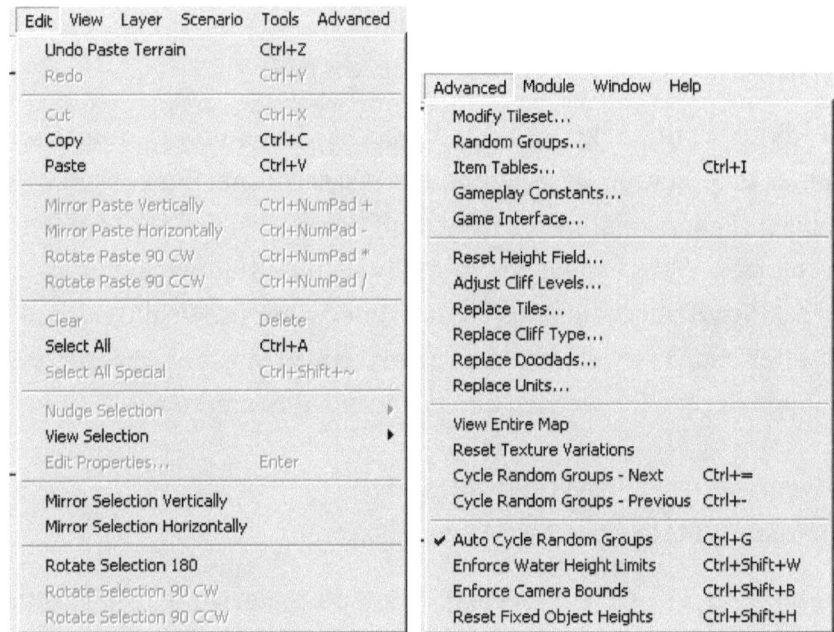

Es lohnt sich, sich mit den Menus zu beschäftigen, da sie die Arbeit oft erleichtern.

Advanced/Replace *
(Erweitert/* ersetzen)

Nach der Umstellung des Tilesets lassen sich hier diverse Ersetzungen automatisieren. Kann unter Umstünden sehr viel Zeit sparen.

Advanced/Enforce Water Height Limits
(Erweitert/Wasser-Höhengrenzen erzwingen)

Ist diese Option aktiviert, so versucht der Editor automatisch, immer eine gültige Begrenzung für Wasserflächen zu erstellen. In einigen Fällen, z.B. wenn man mit Wasserfällen arbeitet oder besondere Wasserwege in Verbindung mit Klippen benötigt, ist dieser Schutzmechanismus jedoch unerwünscht. Deaktiviert den Schalter mal testweise und probiert ein wenig mit Wasser und Klippen herum, ihr werden den Unterschied bemerken.

Advanced/Reset Fixed Object Heights
(Erweitert/Feste Objekthöhen zurücksetzen)

Wenn man ein Objekt bewegt, wird normalerweise seine Höhe über dem Erdboden wieder auf den Standard von 0 zurückgestellt. Ist das nicht erwünscht, weil man z.B. die Höhe des Objektes schon im Voraus selbst eingestellt hat und sie behalten möchte, so sollte man diesen Schalter deaktivieren.

Window/Brush List
(Fenster/Pinselliste)

Wenn aktiviert, wird links ein Treeview alles Objekte der aktiven Palette angezeigt. Da man die Objekte jedoch in der floatenden Palette (also dem eigenen kleinen Fenster) meist viel schneller findet, ist diese Ansicht nicht nötig.

Ich selbst habe das so geregelt, dass ich an die Stelle, an der sich die Brush List normalerweise befindet, die floating Palette geschoben habe. Bei Auflösungen ab 960 vertikalen Pixeln kann man so links eine Minimap in relativ großer Größe, darunter die floating Palette und noch weiter unten die Statusinformationen anordnen. Dadurch wird der knappe Platz optimal ausgenutzt und man ist nicht ständig mit dem Verschieben der Paletten beschäftigt.

Ganz nebenbei werden durch Abschalten der Brush List einige Operationen wie z.B. das Erstellen neuer Objekte im Objekteditor extrem beschleunigt – wer also Funmaps erstellt, muss die Brush List einfach deaktivieren.

Präferenzen

Über geeignete Einstellungen für den WE

Die meisten Sachen ergeben sich ja spätestens aus ihrem Tooltip. Einige Punkte erachte ich aber für besonders wichtig und habe sie daher mal hier aufgeführt. Zu finden sind all diese Einstellungen unter File/Preferences bzw. Datei/Voreinstellungen.

Undo Limit
(Max. Rücknahmen)

Ich habe es auf das Maximum von 256 eingestellt. Nur wer extrem wenig RAM hat kann mit kleineren Werten für geringfügig flüssigeres Mappen sorgen.

Invert Mouse
(Maus umkehren)

Scrollen oder Draggen, das ist hier die Frage. Jeder hat seine persönliche Lieblingseinstellung. Vor allem auf schnellen PCs, auf denen alles flüssig läuft, ist Draggen aber meist die intuitivere Variante.

Autosave
(Autospeichern)

Autosave mag eine Hilfe für sehr vergessliche Menschen sein. Man sollte sich jedoch angewöhnen, mindestens alle 5 Minuten unter einem neuen Dateinamen (fortlaufende Nummer) abzuspeichern. Dadurch kann man jederzeit problemlos auf ältere Versionen zurückswitchen, falls man sich mal gründlich vermappt hat oder aus Versehen eine für Testzwecke veränderte Version speichert.

Lock visibility for active palette
(Sichtbarkeit für aktive Palette festsetzen)

Wenn aktiviert, lässt sich die Ansicht von den Objekten der aktiven Palette nicht ausblenden. Wenn man also z.B. die Doodad-Palette aktiv hat, dann lassen sich Doodads nicht ausblenden. Für Anfänger mag das hilfreich sein, für Poweruser ist das aber nur hinderlich.

Create a new map on start-up
(Beim Start neue Karte erstellen)

Deaktivieren, damit der Editor schneller startet.

Automatically create new palette windows
(Automatisch neue Paletten-Fenster erstellen)

Deaktivieren. Wer das nicht tut, wird von einer furchterregenden Flut von Paletten zermalmt.

Automatically create new unknown variables while pasting trigger data
(Unbekannte Variablen während des Einfügens der Auslöser-Daten automatisch erzeugen)

Nur wichtig für Funmapper. Beim Kopieren von (GUI-)Triggern aus einer anderen Map werden neue Variablen automatisch erstellt.

Allow negative real values in the Object Editor
(Negative Real-Werte im Objekt-Editor zulassen)

Wichtig nur für Funmapper. Ermöglicht, wer hätte es gedacht, das Setzen von negativen Reals im OE. Normalerweise kann es nicht schaden, das zu aktivieren.

Visual/Fixed time of day
(Sicht/Feste Tageszeit)

Ist vermutlich Geschmackssache, ob man das aktiviert. Ich habe es auf Noon (Mittag) festgelegt. Auch vermeidet man, die Map unterschiedlich zu bewerten und somit andere Veränderungen vorzunehmen, nur weil sich die TOD geändert hat (wobei es natürlich auch nicht schaden kann, sich die Map hin und wieder mal in verschiedenen TODs anzusehen).

Preferences

Preferences	
General	Visual	Text Colors	Test Map	Video	Sound

Undo Limit `256` ⬍

☐ Invert Mouse

☐ Autosave every `0` minutes

☑ Show Tooltips

    ☑ Show verbose tips in unit palettes

☐ Lock visibility for active palette

☐ Create a new map on start-up

☐ Automatically create new palette windows

☑ Automatically create unknown variables while pasting trigger data

☑ Allow negative real values in the Object Editor

Mouse Scroll: Fast

[Reset General Preferences to Defaults] [OK] [Cancel]

Preferences.

Übersetzung des englischen Worldedit

Über das Original geht zwar nichts hinaus...

... aber wer mit der deutschen Version arbeitet, soll auch nicht völlig aufgeschmissen sein. Hier also eine Liste der verwendeten englischen Begriffe. Ausgenommen sind Begriffe, die bereits im Glossar erläutert werden.[1]

Englisch	Deutsch
Advanced (menu)	Erweitert
Apply Height: Plateau	Gleiche Stufe
BoS, Boots of Speed	Stiefel der Geschwindigkeit
Dark Grass	Dunkles Gras
Dirt	Erde
Dust, Dust of Appearance	Pulver der Erscheinung
Grass	Gras
Grassy Dirt	Grasbewachsene Erde
Healscroll, Scroll of Healing	Rolle der Heilung
Increase One (cliff level)	Um eins erhöhen
Initial Cliff Level	Start-Klippenstufe
Initial Water Level	Start-Wasserstufe
Lower Height	Verringern
Map Options (menu)	Karten-Optionen
None (initial cliff level)	Nichts
Prefs (tab)	Voreinstellungen
Props (tab: doodads)	Gegenstände
Raise Height	Erhöhen
Replace Tiles	Felder ersetzen
River Rushes	Binsen
Rock (doodad)	Felsen
Rock (tile), Rocky Ground	Fels

---

[1] Ausgenommen sind auch die Begriffe, die ich vergessen habe. Sorry :)

Rough Dirt	Raue Erde
Scenario (menu)	Szenario
Shallow Water	Flaches Wasser
Shrub	Strauch
Smooth Height	Glätten
TP, Town Portal	Stadtportal
Tree	Baum
Wisp	Irrwisch

Abschluss

Weil ich auch irgendwann keine Lust mehr habe

Kurzreferenz.

Wichtige Maps

Über die üblichen Verdächtigen

Einige der bekanntesten und meistgespielten Maps.

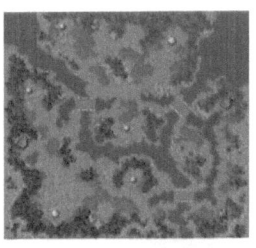

(2) 2R / Two Rivers / Die zwei Flüsse: Blizzard

Sehr bekannte Map mit fragwürdigem Design, die inzwischen durch TS ersetzt wurde. Keine Taverne

(2) AK / Ancient Kingdom: Isaak.M4L

1. Platz beim Blizzard Melee Contest

(4) AV / Avalanche / Lawine: Blizzard

Sehr beliebte und gute AT-Map

(6) BM / Bloodstone Mesa / Blutstein-Hochebene: Blizzard

Seltsamerweise von Blizzard auch als Duelmap deklariert

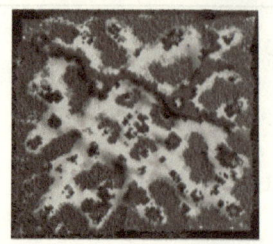

(4) BS / Broken Shard / Eissplitter: Blizzard

Im AT wesentlich besseres Gameplay als im Solo

(4) CF / Claimed Fields[1]: Mafutrct.M4L

4. Platz beim Blizzard Melee Contest

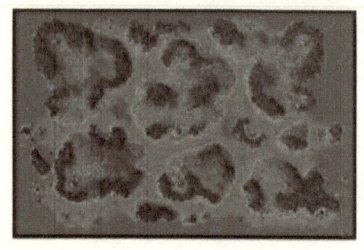

(2) EI / Echo Isles / Echo Inseln: Blizzard

Früher ziemlich imbalanced, seit neuer Version sehr gut spielbar

---

[1] Zumindest eine Map von mir wollte ich einfügen, auch wenn sie wohl nicht unbedingt in die Liste gehört. ;-)

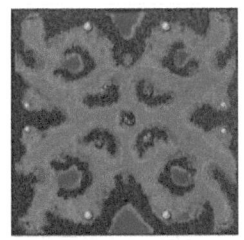

(2) FC / Flooded Crossing2:
Progdanialdus.M4L

1. Platz inwc.de 2x2-Mapping
Contest

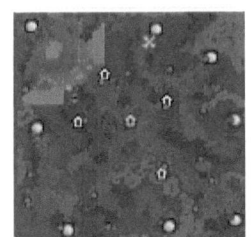

(4) Gs / Goldshire / Goldshire:
Blizzard

Erstaunlich gute AT-Map

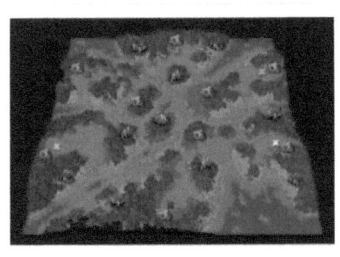

(6) GW / Gnoll Wood (TFT) / Gnoll-
Wald: Blizzard

In der Spielerzahl sehr flexible Map,
gehört zu den meistgespielten Maps
überhaupt

(4) LT / Lost Temple (ROC) /
Verschollener Tempel: Blizzard

Stammt noch aus ROC, gilt als stark
imbalanced und verschwindet
glücklicherweise langsam aus den
Mappools. Keine Taverne

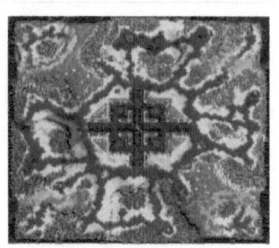

(4) LT2 / Lost Temple (TFT) / Verschollener Tempel: Blizzard

Winteradaption, leider ohne größere Änderungen. Vermutlich zu Recht unbeliebt. Keine Taverne

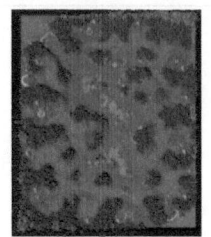

(6) Mg / Moonglade / Mondmoor: Blizzard

Ähnlich flexibel wie Gnollwood, doch weniger bekannt

(8) MO / Mur'gul Oasis / Mur'gul-Oase: Blizzard

Sehr beliebte AT-Map

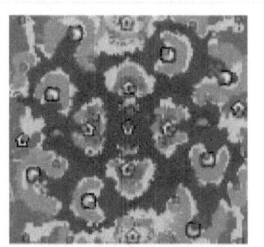

(4) MS / Maelstrom: Storm (?)

Beste mir bekannte koreanische Map (?), leider dennoch mit Balanceproblemen. Taverne schwer zugänglich

(4) PG / Phantom Grove / Phantomhain: Blizzard

Bekannte AT-Map

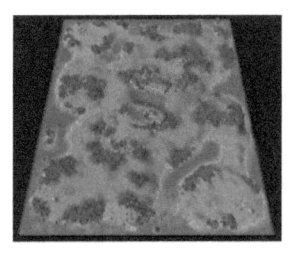

(2) PI / Plunder Isle / Plünder-Insel: Blizzard

Alte ROC-Map, imbalanced und glücklicherweise mittlerweile von der Bildfläche verschwunden. Keine Taverne!

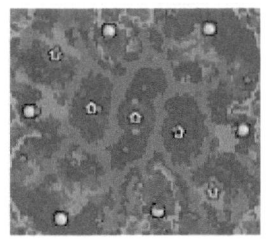

(2) SV / Secret Valley: Ferret.M4L

Hübsche Duelmap, die einen aggressiven Spielstil fördert

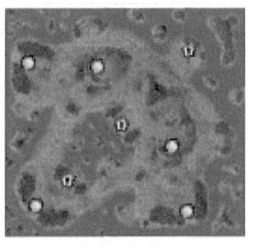

(2) TI / Treasure Island: dezi.M4L

Hübsche Duelmap mit innovativem Gameplay

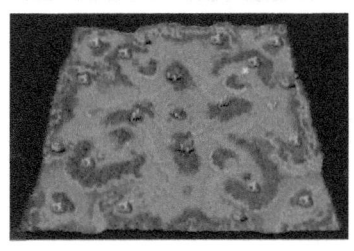

(4) TM / Twisted Meadows / Wiesenwogen: Blizzard

Bekannteste und meistgespielte Map überhaupt, gute Balance und gutes Design

(4) TR / Turtle Rock / Schildkrötenfels: Blizzard

Gut balancierte Map, die interessante Spiele garantiert

(2) TS / Terenas Stand / Terenas Stellung: Blizzard

Recht beliebte Duelmap, die einen aggressiven Spielstil fördert

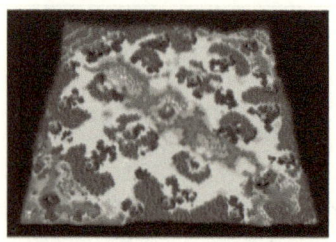

(6) UK / Upper Kingdom / Oberes Königreich: Blizzard

Beliebte AT-Map

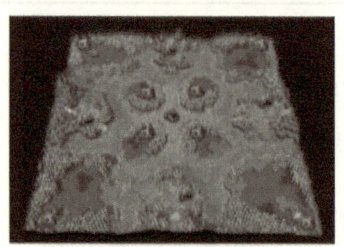

(4) Wl / Wetlands / Sumpfland: Blizzard

Mit Verlaub... Grauenhaftes Gameplay und Design (nicht zu verwechseln mit Kopicons Wetland)

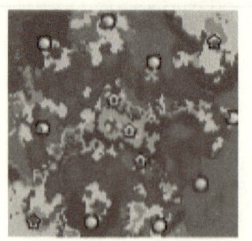

(4) WS / Winterspring: Ferret.M4L

Hübsche Map mit innovativem Design, die spannende Spiele garantiert

Links

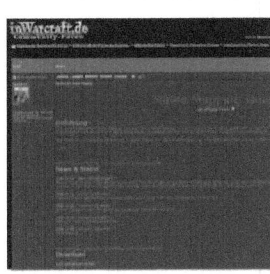

*http://warcraftforum.ingame.de/showthread.
php?s=&threadid=139834*

Der offizielle Thread zu diesem Guide. Hier gibt's natürlich auch immer neue, verbesserte Versionen. Fragen und Anregungen könnt ihr dort selbstverständlich auch stellen.

*http://forum.ingame.de/warcraft/showthread.
php?s=&threadid=161180*

Hier wird auf das Thema Doodadinseln eingegangen.

Websites

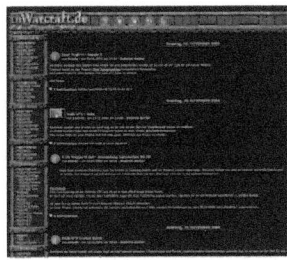

http://warcraft-mapping.de

Die Mapping-Abteilung von inwc.de. Eine sehr große deutschsprachige Community mit vielen kompetenten Leuten.

http://m4l.feuersturm.biz/

Mappers 4 Life. Hier haben sich einige deutsche Mapper zusammengefunden. Ich schaue dort auch öfters mal vorbei.

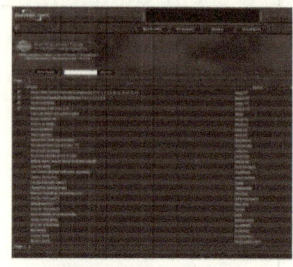

http://www.battle.net/forums/war3/board.as px?ForumName=war3-maps

Die offiziellen Mapping-Foren von Blizzard (englisch).

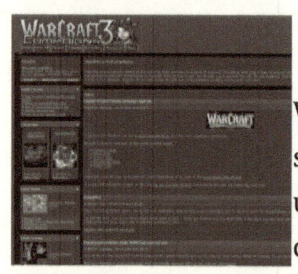

http://www.wc3campaigns.net

WC3C – die Anlaufstelle beim Mapping schlechthin. Bietet hervorragende Threads und zivilisierten Umgang. Das Durchstöbern des Forums lohnt sich garantiert (englisch).

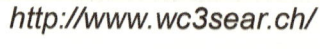

http://www.wc3sear.ch/

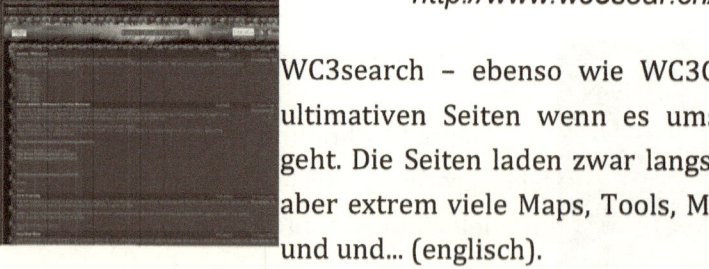

WC3search – ebenso wie WC3C eine der ultimativen Seiten wenn es ums Mapping geht. Die Seiten laden zwar langsam, bieten aber extrem viele Maps, Tools, Modelle und und und... (englisch).

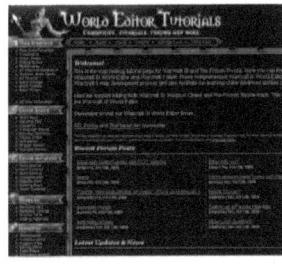

http://world-editor-tutorials.thehelper.net

WET bietet u.a. einige hochqualitative Tutorials an. Auch ein Blick ins Forum lohnt sich (englisch).

http://www.mappedia.de/wiki/Hauptseite

Ein noch im Aufbau befindliches Wiki rund ums Mappen. Jeder kann hier selbst Inhalt hinzufügen oder verbessern.

Tutorials & Artikel

http://www.wc3campaigns.net/showthread.php?t=76290
Ein hervorragendes Tutorial für fortgeschrittenes Terraining

http://warcraftforum.ingame.de/showthread.php?s=&threadid=59 786
„Thread der Erleuchtung!!! Die Erkenntnisse im Landscaping/Melee!" von inwc.de. Hier werden einige wichtige Fragen rund ums Melee Mappen beantwortet.

http://maps.worldofwar.net/tutorials.php?id=36
Die aktuellste mir bekannte Bugliste des WE. Sollte man mal gelesen haben, um sich ein besseres Bild machen zu können (englisch).

http://www.wc3campaigns.net/showthread.php?t=34713&page=1

Wer Probleme mit einem langsam reagierenden Editor hat, kann sich hier Informieren (englisch).

http://warcraft3.ingame.de/maps/tutorials/

Diverse Tutorials von inwc.de.

http://www.wc3campaigns.net/showthread.php?t=84606

Tipps rund ums Mapping mit Schwerpunkt Landscaping (englisch).

Mafutrct

Über den Autor,
oder: das Beste zum Schluss

Biografie:

Geburt, Abitur, Zukunft:

Kurzfristig: faul rumliegen, Mittelfristig: Studium, Langfristig: Tod

Nachdem ich mich anfangs standhaft gegen jegliches Warcraft gewehrt hatte, kam ich über den Umweg der Funmaps zum „richtigen" Spielen. Das war vor ungefähr 2 Jahren (2004), ich wurde seitdem ein durchschnittlicher Spieler.

Nebenbei widmete ich mich dem Mapping, entwarf einige Melee- sowie Funmaps und wirkte in diversen Funmap-Projekten mit (bekanntestes Beispiel dürfte die Entwicklung der AI von Battle Tanks sein). Meine offiziellen Erfolge waren recht gute Platzierungen bei diversen Contests (u.a. von inwc.de) und eine Ehrung durch Blizzard.

Und seit kurzem bin ich wie gesagt inaktiv und wende mich anderen Dingen zu.

Kontakt

BNet	mafutrct (Northrend) [inaktiv]
Email	mapping@mafutrct.de
Web	http://mafutrct.de

Danke

Über die Leute, die einen Beitrag zu diesem Guide geleistet haben.

Ein Dank geht an Deng4r fürs versuchte Korrekturlesen, an FloW für die Fotos sowie an hexla für die Gestaltung des Titelbildes. Für zahlreiche Anregungen beim Schreiben des Guides danke ich Fill und Murder X. Ebenso bedanke ich mich bei emo_O, Eurgail, fRESh, lord_frogger und turbo für ihre andauernde Unterstützung in vielfältiger Weise. Auch möchte ich |G-[m]-R|, Nemesis Evil, Out4Blo0d, Ownz_me_plz, SanaK4n und Undead.Marf dafür danken, dass sie mir „die nötige Zeit zum Schreiben" verschafft haben. Für die lange vergnügliche Zeit in WC3 danke ich meinem Clan GTF, besonders meinem Leader Nitro, der mich auch anderweitig unterstützt hat. Aufgrund von Hilfe und viel konstruktiver Kritik, nicht nur, als ich im Mapping noch ziemlich unerfahren war, danke ich dem gesamten Clan M4L sowie VGsatomi. Für jede gelungene Zeile dieses Guides muss ich mich zudem bei Shiroh Sagisu und Yoko Takahashi bedanken, die mich während dem Schreiben hervorragend unterstützt haben. Im Zuge der dritten Auflage geht ein Dank an WaterKnight für Korrekturen im Glossar. Mein besonderer Dank gilt Hideaki Anno, Megumi Hayashibara, Spartan und Ulrich A. Schmidt, die durch ihr Handeln das Schreiben dieses Guides überhaupt erst ermöglichten.

Nachwort

Möge die eine oder andere Map profitieren. War genug Mühe das alles zu tippen. Ich schreibe nie wieder ein Buch.

Danke fürs Lesen. Selbstverständlich freue ich mich über Feedback in jeder Form.

mafu

FIN